心诚事享

NONE ALL WISHES COME TRUE

李欣频 著

人民东方出版传媒
東方出版社

自序

《心诚事享》的缘起

2007年3月，我在台北的学学文创开了人生创意课，当时就是以在网络上流传的《秘密》影片作为教材，佐以量子物理学的观点，跟学生讲解“创造的法则”。

我还记得第一次看到这部影片时，非常惊讶我过去所用的想象创造法，原来还有这么一个专有名词“吸引力法则”。巧合的是，我班上的学生谢明宪，早在我还没介绍这部影片之前，就已把此片翻译成中文上了字幕给他的好友看。后来方智出版社主编赖良珠问我《秘密》是否值得出版时，我不但大力推荐此书一定要出，而且预言一定大卖，并推荐谢明宪作为此书的翻译（从未翻译过任何一本书的他，就是“心想事成”的最佳示范者)。后来这本书在2007年7月上市后销售百万册，突破了台湾出版界的纪录，在大陆也卖得非常好!

我还记得当谢明宪成功完成翻译此书的工作时，他问我:“老师，你没有觉得这本《秘密》怪怪的吗?有些道理似是而非，而且误导人的地方还不少。”我说:“我知道啊，但因为现在很多人都在悲观的氛围中，总得要有一本简单易懂，而且还有影片讲解的书，让绝大多数的人从负面的惯性中脱身，正负能量先取得阶段性的平衡后，才能往上拉到更高的层次继续探索。这本书就目前的局势来看，利多于弊，所以还是要先出版。”

五年过去了，我也从《秘密》的推荐者，到自己亲身实验“吸引力法则”，至今已经有满满的心得可以跟大家分享。基本上《秘密》算是一本鼓励大家正面思考、相信自己创造力的好书，而它阶段性的任务也做得非常好:让很多人开始反转悲观的视点，往正面的方向去努力，而我自己也是“吸引力法则”的成功实践者，让我顺利吸引到免费的迪拜帆船酒店之旅，顺利进了北京大学博士班并同时教书，以及其他大大小小无以计数的惊喜、奇迹与礼物，可谓是此生中影响我最深的十本书之一。

一开始我跟谢明宪的看法一样，知道这本书有很多说不清楚、观点互相矛盾的地方，主因是这本书的作者太多，每位作者分属不同的领域与层次，这么多观念全融合进一本书，难免会有前后立场不一、用字与观点有差异的状况发生，这些地方就是许多人在实践吸引力法则时失败的原因之一。再加上我看到一些《秘密》的副作用开始发生，于是决定把自己亲身领悟的心得，整理成一本书跟大家分享。

这五年来我持续在心灵修行的路上探索不懈，《秘密》一书中隐藏的许多问题也一一浮现清楚。我实际应用了五年“吸引力法则”，直到我决定放掉这法则时，我才真正做到“心未想事已成”，并享受“活在当下”的大圆满状态！

现在是大家该知道《秘密》哪些地方易误导人、易被误读的时间点了。希望所有看过《秘密》的读者，不再被该书的框架局限住非凡的创造力，自“正面思考”的紧箍咒中解脱，并继续往更高的层次走，开始自由创造我们无可限量的人生！

目录 CONTENTS

第一点

• • •

正面思考≠正面感觉

真正启动“弦能量线”的，
并非你在想什么，而是你在感觉什么！

这本《秘密》一开始，就引用作家鲍勃·普罗克特（Bob Proctor）的一句话：“你生命中所发生的一切，都是你吸引来的，它们是被你心中所抱持的‘心像’吸引而来，它们就是你所想的，不论你心中想什么，你都会把它们吸引过来。”同时在《秘密的揭露》这篇提到：“吸引力法则说，‘同类’会吸引‘同类’，因此当你脑中出现一个思想，也会吸引其他同类的思想过来。”而我所体悟的是，“心像”或是“思想”并非启动吸引力法则的关键，**“感觉”与“情绪”才是。**

在进一步阐述以上观点之前，我们先来简单认识现在最热门的量子物理学。长期以来，宏观的牛顿力学与微观的量子物理学对立，形成了“用牛顿力学解释广宇宙”与“用量子物理学解释微宇宙”的分道扬镳情形，于是“弦理论”的兴起，弥合了这两个理论之间的缝隙。

量子物理学的进化版——弦理论，依据日本物理学家加来道雄所述，是在 1968 年由物理学家韦内齐亚诺（Gabriele Veneziano）发现的，他本来是要寻找能够描述原子核内强作用力的数学函数，在一本老旧的数学书里，他找到了有 200 年之久的 B 函数（Euler Beta Function），这函数能够描述他所需要解答的强作用力。但不久之后，美国理论物理学家李奥纳特 · 苏士侃（Leonard Susskind）发现，这函数可理解为一小段类似橡皮筋那样，可扭曲抖动的、有弹性的“能量弦线”，而各种粒子彼此之间的差异，只是这弦线抖动的方式和形状的不同而已，这在日后则发展成“弦理论”。弦是世界上所有物质的最基本结构，大到星际、银河，小到电子、质子以及夸克这一类的基本粒子，都是由“能量线”所组成的。我们可以把整个宇宙看成一首气势恢宏的弦乐交响曲。(加来道雄，2010)

弦理论的发现，是“能量形成物质”，即各种能量弦汇聚成不同的实体物质（粒子）非常有力的科学证据。真正创造万事万物的最基本元素，深究到底就是一个正在振动的弦，这“弦”就是我们常讲的“振动频率”，即我们讲的“感觉”“情绪”“能量”“磁场”，而非“心像”“思想”。举个例子，如果有人很想有一部跑车，就像影片《秘密》所示范的，他观想自己正在驾驶一部跑车，但如果他内心深处的感觉是怀疑的，就算他假装很愉快地开着虚拟的车子，这“心像”或“思想”还是无法产生对应的“振动频率”，否则一堆正在在线游戏驾驶跑车的玩家，岂不一一都变成了跑车车主？

《秘密》一书中，乔·维泰利博士（Dr. Joe Vitale）在《强效的方法》这篇提到：“此时，这全像式的体验是如此的真实，甚至你连真的车子也不需要，因为你感觉自己已经拥有了它。”这部分是很多人难搞懂的，什么叫作“体验是如此的真实，甚至你连真的车子也不需要”？以前我的理解是，只要你虚拟自己在一部跑车上，用细微的感官想象力去感觉车速、风、眼前道路……兴奋愉快到即使没有这车子也一样过瘾，这种“逼真的想象力”才是吸引一部跑车之源，但后来我实验了非常多类似的例子，发现很难精准地吸引某一件特定物品（书中几个“成功吸引特定人事物”的个案可说是特例，虽然我自己也实验成功了，如免费入住迪拜七星级帆船酒店、被邀去云南香格里拉等)，但可以很轻易地吸引一连串类似的感觉，包括我去豪华 villa 体验彻底放松，事实上并没有为我吸引来这栋相同的 villa，而是创造出一连串演讲或是广告代言的出差机会，住宿之地大多是可以享受顶级 SPA 的度假饭店。

也就是说，**真正启动“弦能量线”的，并非你在想什么，而是你在感觉什么。**重点不在“心像”与“思想”为何，因为同一个“心像”或是“思想”会有上千万种不同的感觉、情绪，**关键点在于“感觉”“情绪”为何，因为“感觉”“情绪”才是振动频率。**这就是为何《秘密》书中的约翰·阿萨拉夫（John Assaraf）说：“思想有它的频率。”这句话要佐证作家迈克·杜利（Mike Dooley）所说的“借由吸引力法则，你的思想变成生活中的实物”时，出现了问题，这也是许多人努力“心想”却事不成的原因，因为许多读者以为只要“想”自己要的人事物就行了，却忘了“感觉”“情绪”比你所想的事物重要太多，甚至你不需要想特定的人事物，你只要将“振动频率”调成一致，相对应此振动频率的人事物自然会过来。因此要随时保持觉察力。

《秘密》一书中有一篇《秘密的运用》提到：“把自己带

到想要事物的频率，当到达那个频率，你想要的就会出现。”同时《你的秘密》这篇提到：“你的力量就在你的思想里。”所以我们现在知道了，不是把自己带到想要“事物”的频率，而是想要“感觉”的频率，**因为你的力量就在你的“感觉”里。**

一直到《秘密》这本书的中间，杰克·坎菲尔德（Jack Canfield）才指出：“其实是‘感觉’在创造吸引的力量，而不是心中的‘景象’或‘思想’，如果你正面思考仍然没有感受到丰足、爱、喜悦，那就无法产生吸引的力量。”可是《秘密》全书几乎前大半都是以“心像”或是“思想”作为吸引力法则的启动力量，如果读者没注意到原来还有这样的区别，那么前面这些以“思想”或“心像”启动吸引力法则的文字，就非常容易造成误读，类似的文字还包括：“你现在所想的，就在创造你的未来。”以及在《秘密的揭露》这一篇中提到的：“如果想改变生命中的任何事，就借由改变你的思想，来转换频道和频率。”现在终于恍然大悟了，不是你所“想”的在创造未来，而是你所“感觉”的才能创造未来，因为改变思想并不能等同于改变频道与频率，只有改变你的情绪感觉才是创造的关键。

举个例子：很多人想要去旅行，这是很多人的思想，却为何没成真？因为很多人“想旅行”的思想伴随着这样的感觉：“想旅行？等退休以后有钱有闲再说吧。”“唉！真嫉妒羡慕别人可以去旅行！”……所以“想要去旅行”的思想，并不能让他真的可以很快去旅行，而是得看他怎么在第一时间反应他对“旅行”这两字的真正感觉。

当一个人对“旅行”的感觉是新鲜、自由、愉快，这样的“振动弦能量”就会创造出与这感觉相应的一连串机会；如果这个人对“旅行”的感觉是匆忙、紧张，那有可能会创造出匆忙、紧张的出差到他面前——也就是说，“想旅行的思想”不一定会真的帮你吸引到“旅行”这件事成真，而是你对“旅行”的感觉反应，吸引了相对应的状态到你面前。

把梦想的感觉范围拉大，越大越好！

《秘密》一书中鲍勃·道尔（Bob Doyle）提到："去试开那辆车、去为那房子购买家当、进到那房子里参观、尽你所能去产生'现在就已经拥有它'的感觉……会帮你真的吸引它来到。"你得弄清楚：你真正要的不一定是那部车子，而可能是速度与自由；你真正想要的不是那栋房子，而是要自己独处的空间。**你得先搞清楚自己真正喜欢的是什么情绪与感觉，让这感觉自行创造出"对等频率"的人事物场景。**

换句话说，如果你启用"吸引力法则"去吸引某一样特定的人事物，可能会因为没有成功而感觉失落，这失落反而造成反效果。我的建议是，**要把梦想的感觉范围拉大，越大越好。**举例来说，如果你想要某一栋有景观的大宅，仔细探究，其实你喜欢的不是这一栋房子，而是"广大有视野的居住空间"。所以你可以每天尽可能地去享受"广大有视野"

的感觉与情绪（而不是把自己锁在“有景大宅”的观想中），例如：每天找几分钟，到邻近的公园、山林、草地、河边、海边……或是听一些大自然森林鸟鸣、海浪风声等冥想音乐或是观看类似的影片，让“广大有视野”成为你每天的真实——**如何精准地预言自己的未来？不动声色地亲手创造出来就是了！**

再举另一个例子：如果你很想要一部跑车，仔细探究，你真正喜欢的其实只是那种“瞬间加速、驰骋无限、自由自主”的感觉，跑车只是体验这感觉的众多媒介之一，于是你就针对这感觉，尽你最大的想象力思考一下，有哪些事物可以带给你同样的感觉。例如：到空地或是人少的地方去骑自行车、滑直排轮，到海上去冲浪，或是坐过山车、做高空弹跳、乘滑翔翼，或是朋友或公司有跑车来接送你……你所联想到的可能性越多，你能创造出“瞬间加速、驰骋无限、自由自主”感觉的机会也越多。也就是说，你并非吸引到你要的事物，而是你要的感觉！

同样一天二十四小时，你可以竭尽超凡的想象力，在眼前的现实环境中，尽可能以最多时间“创造”并“享受”你喜欢的感觉，这样比你“一直观想着一部跑车”来得有意义，因为你就算真的有了那部跑车，害怕开出去会被擦损撞坏所以停在车库里，结果还是没有达到你想要的“瞬间加速、驰骋无限、自由自主”的感觉，反而换来一堆得失心，甚至当又有新的车款出来时，你又产生新的欲望，如此无穷无尽，结果活在“不自由”“不无限”的状态里。

留意每天来到你面前的人事物，这就是你现在的振动频率！

除了上一篇提到如何以你的想象力，在日常生活中主动“创造”出“你喜欢的感觉”，现在我还要谈如何“被动”地观察出自己正处在怎样的振动频率中。

之前我在《十堂量子创意课》中提到过这个概念：今天吸引了什么？这就是我所选定的版本！如果我在某一天老遇到塞车或是迷路，表示自己正处在能量壅塞与心灵迷失的状态；如果遇到的人都是工作狂，表示我自己正处在不放松的状态；如果家人生病，表示我自己也不健康（《零极限》的概念）；如果有人入侵我的私人领域，表示我防卫心太重，对人不够信任，这防卫引起了别人想入侵的动机，就像电影《盗梦空间》(*Inception*) 里心灵佣兵的概念；如果今天老是听到施工噪音，隐喻着我的心也很躁乱（否则心情应该不会受到影响，就像“究竟是幡动还是心动”的故事隐喻）；如果浴室的水道塞住，隐喻着我此时的input太多，output太少，得调整一下流速；如果飞机误点，表示我想实现目标的时间表与现实有了落差——今天一整天出现在我面前的人事物、所有外在环境的呈现，都是显而易见的征兆，也是我当天心境如实的写照，既说明了我在《盗梦空间》电梯里的哪一层，亦清楚标示了我此时此刻的振动频率为何。

事实上不是外在的人事物让我们心情好或不好，而是我们的心情创造出外在相对应的人事物状态。你的心情就是最好的创造频率，这频率会像涟漪般扩散，与这频率相对应的人事物，会自动进到这频率波中，加大这频率波的显化力量与速度！

我再举个切身的例子：我在北京那半年，每天得请社区管理员帮忙叫出租车，有时非常顺利，五分钟就到了，有时等了半小时却等不到车，就算发脾气也没有用，于是我开始以放松愉悦的心态等车，不看表，享受等车的过程，仿佛时间停止了，通常在这种状态时，即使是高峰期，车子仍会在五分钟内抵达（以前在高峰期经常等上半小时，甚至还有车叫到却半途被别人拦走的情况）。所以我会随时看出现在我面前的外在环境状态，以此来检视自己目前究竟是在哪个振动频率带上，因为只有相同振动频率的人事物，才会被吸引在一起。也就是说，如果平时对你非常好的朋友，今天突然莫名其妙地对你乱发一顿脾气，但他当天对别人却还是非常好，那你就要检讨自己究竟是在怎样的心灵状态，而不是就地跟他在“同一层”里开始吵起来。

简单地说，今天你所遇到的这些人事物，让你有着怎样的情绪，就清楚地标明你在哪一层，清楚地显现你此刻的振动频率。如果你还有旧情绪，表示还在旧楼层上继续着你的旧模式。正因为情绪是立即性的、不自觉的，所以就像照妖镜似的骗不了人、更骗不了自己，当你看到自己还反映着旧情绪，不要急着躲开，要像是照镜子一样看到自己的真正状态，并立即清扫自己，因为情绪就是最准确的指标，如果第一时间躲开了，就像是把镜子收起来，于事无补。这就是《情绪的惊人力量》所提到的：“情绪会告诉你，你当下的想法与频率，是否与自己的本源（Source Self）频率相符合，当两者频率不一致的时候，你的感觉就会变差……当你感觉到爱或喜悦，或者任何正向的情绪，你就与生命要你成为的‘扩展版本’合二为一了，当你感觉到恐惧、愤怒或沮丧，或者任何负面的情绪，这个时候，就表示你的注意力已转向别的地方，没有让自己成为‘扩展版本’，你没有让自己跟上自我发展的新脚步。”

《十堂量子创意课》亦进一步指出：如果你正在你的梦想之途，现在就会有征兆告诉你——梦想不是未来的某个定点，而是现在就有沿途闪灯的征兆，如果你所设的梦想，在现状里没有任何对应的征兆，表示这条路的灯都还没打开，要不就是你又走错路了，将来也不会发生。

所以当你把自己置放在你想要的状态中，你会发现不适合你新状态的朋友会自动离开，符合你新版本生命的新朋友、新机会开始一一出现。我在《十堂量子创意课》中提到这个例子：当你准备去英国留学，而且你现在就已经活在那种状态里，你会自然而然开始留心所有关于英国的事，包括天气、新闻、旅游展等等。如果你想要检验你的梦想是否已归进你的路线频道，很简单，就是看你今天是否在不刻意安排的情况下，有意外看到、接触到关于英国的讯息——检视每天生命中与梦想相应的征兆与巧合点，这些点就是你所埋下梦想种子的新萌枝芽。

我再举个自己的例子：几年前当我想要到北京大学读博

士，我把报名、应考、入学时间写进我的记事本计划之中，其他时间我就过我正常的生活，但我会在睡前回顾并记录今天是否有出现任何关于北京或是北大的讯息，这样我才能反向检验自己是否还在那个梦想频率振动带上。

谁说“不好的感觉”和“好的思想”不可能同时存在?

在《秘密》一书中反复提到这样的概念:“‘不好的感觉’和‘好的思想’是不可能同时存在的……因为感觉正是思想所引发的,如果你感觉不好,那是因为你拥有了会‘造成感觉不好’的思想,思想决定频率。”

如果看完前面细致的分析,你一眼就能看出这段话的问题在哪儿——谁说“不好的感觉”与“好的思想”不可能同时存在?随便举个例子:“健康”是好的思想吧,但你去问一些久病的人,发现他们看到“健康”两个字,却有着“不好的感觉”,例如:“健康?那是年轻人的专利!”“健康?那是厂商拿来骗钱的工具!”“健康?不生病就偷笑了,还奢望什么健康!”又如:“热心助人,善有善报”也是好的正面思考吧,但目前不少人听到这几个字,心中跑出来的第一个感觉反应是“少管闲事以免惹祸上身”……也就是说,“好的思想”和“不好的感觉”是可以同时存在的，而且还经常同时存在，这也就是很多人努力“正面思考”但情况却没有改善的原因，因为很多“正面思考”的概念，都被有毒的感觉与情绪污染了，所以就算非常努力“正面思考”，却伴随着“负面情绪感觉”，结果更糟。

这几年我亲眼看到身边好友，或是读者来信告诉我“正面思考”怎么无效，当我再细问，把他们所罗列的“正面思考箴言”冷不防地拿来问他们的第一感觉，结果就破功露底了。

同理可证，《秘密》一书中提到：“感觉美好，却又同时拥有负面的思想，是不可能的。”以及《秘密》续集《力量》(*The Power*)提到：“当你想着你想要、你喜欢的事物时，你的思想就是正面的；而当你想着你不想要、不喜欢的事物时，那就是负面思想。”我举个反例就能推翻上述的论点：对于瘾君子而言，吸烟是他喜欢的事，让他感觉美好，但想吸烟、喜欢吸烟是负面的思想，所以很轻易就能推翻“当你想着你喜欢的事物时，思想就是正面的”“感觉美好，却又同时拥有负面的思想，是不可能的”之说法。

所以“思想正负面”与“感觉正负面”是两件事，如果没有一开始就弄清楚，如果你误以为正面思考就能引来正面人事物，却忽略了里面可能藏有负面情绪，吸引力法则反而会创造一些无法预期的、你不想要的后果。

正面思考也有可能引来负面结果

电影《盗梦空间》中，男主角的工作就是帮客户在他竞争对手的脑里植入想法，他说只要把一个 idea 放在对方的大脑里，它自己就会像种子般开始茁壮成长、开始蔓延感染。而且他说：“你想要植入进对方脑中的想法，一定要藏在‘正面’的讯息里。”例如他把“自立自强”的讯息放进大企业接班人的脑中，这样他就可以解散父亲的企业王国，自己独立创业。可见“正面思考”不一定会带来正面结果，这让我们必须更有觉知地分辨何谓“正面”，后果为何。

我在《十堂量子创意课》中提到自己的例子：自小我母亲就教我凡事都不要麻烦别人，好处就是我一向亲力亲为、独立完成我所能做的事，坏处就是我总是一个人就把事情做尽了，没有给别人一起参与的机会，我不但失去非常多与人共事的宝贵机会，自己也会经常累得半死。等到我发现了这个价值观的（被植入的种子）后遗症，就开始学着与人一起共同创造、共同完成。我可以做发起者，做开路先锋，但不一定非要坚持走完全程不可，就像大型的计划不一定要自己从头做到尾，即使事情到最后不是我完成的，但我一样可以享受到事情被完成的成就感，长程的马拉松接力赛，也是得众人分阶段才能合力完成。所以我现在开始回想并一一记录“父母亲、过去老师们的名言录”，然后把每一句话对我产生的“好的影响”“坏的影响”都列出来，当我看到了这些坏的影响时，我就可以有意识地清除它，不让它再继续蔓长，挡住我的未来。

建议大家可以检视自己的大脑，检查我们自小至今，被放进了哪些种子，然后茁壮成长为哪些藤蔓捆住我们。你可以从自己家庭所灌输给你的自我、感情、工作、金钱的价值观，检查这些种子至今造成了什么好的影响、坏的影响。或是列出你最喜欢的事物、歌词、座右铭、电影、某位名人的故事……现在你要像清理自家的花园一般，看哪些不良的杂草开始消耗你的土地（让你自我滋润度降低与信心开始不足的是哪些想法），哪些是好的种子已经开花结果（持续让你有生命活力、乐于付出与感恩的是哪些想法），哪些种子已经长成了藤蔓围篱挡住了你与人、你与资源间的联系？甚至挡住了你勇敢向未来冒险的无限可能？

我从众多读者的提问中知道，太多人都被绑在父母、学校、社会的价值观里动弹不得，包括："兴趣和工作是两件事，你得先有稳定的工作，以后才能想你的兴趣，像是作家、摄影家、艺术家、音乐家都是会饿死的，除非要很有才华，但一定不会是你。""旅行是奢侈的，有工作、有家的人怎么可能常常去旅行？""我想从事心灵公益的事业，但我得先去赚钱。""吃得苦中苦，方为人上人。"……这些看起来没什么错误，甚至看起来还挺正面励志的价值观，却恰好成了很多人的紧箍咒。那些认为工作与兴趣是两码事的人，如果他们去深究眼前以兴趣发展出成功事业者的例证，就不会再给自己找借口。所以我回答这些读者问题的方式就是：请他们把看似矛盾的两个选项加在一起，看有没有范例、有没有新的出路。所以我们要随时注意，不要被别人下了种子，做别人价值观的奴隶而不自知。

我们可以很客观地说，"吃得苦中苦，方为人上人"既不正面也不负面，只是一个中性的信念，就视你在看到这句"吃得苦中苦，方为人上人"时，你的感觉情绪与第一个浮出来的直觉念头是什么，这才是启动一连串吸引力法则的真正力量来源，因为量子物理学提到：观察者决定观察结果。

格雷格·布雷登（Gregg Braden）说："目前的状态，是我们从量子世界的可能性中所做的选择，若想要改变任何事物，必须先以新的方式看待它们，也就是在一堆可能性中挑选新的状态，如此一来，在我们的世界里，诸多量子潜能中，只有一个可能性会成为我们经历的真实状态。诸多可能性中哪一个会成真，似乎取决于观察者的意识与行动，换句话说，注意力的目标会变成世界的真实状态。"所以当我们检视《秘密》的续集《力量》中所说的"如果你对自己的工作感觉良好，一定会在工作中遇到正面的情境和经验"时，你一眼就能看出这段话的问题，事实应该是：因为你用正面的眼光与态度，面对眼前的人事物，你自然会看到好的那一面，于是眼前的人事物都变成正面，反之亦然。也就是说，没有所谓"正面"的人事物，所有的人事物都是中性的、未被标签化的，你心情不同解读也会不同，而且在不同人的眼中也会有不同的定义。当有人认为正面，一定也有别人认为是负面，所以与吸引力法则无关，而是你用什么心态眼光看待世界。如果举一个生活上贴切的实证就是："这世界上没有好人或是坏人之别，只是你看待他的方式与对待他的态度，决定了他要在你面前自然而然地成为好人还是坏人。”所以当你用旧情绪经验去应对同一个人的时候，除非对方改变对你的看法，否则两人只会一直重蹈覆辙下去！

假装相信是没有用的

在《秘密》一书中《秘密的运用》这篇提到:“你要如何把自己带到‘相信’的点上?开始‘假装’吧!”我们现在知道，是“感觉与情绪”才能引发相对应的振动创造力，而不是靠头脑“假装相信”就能做到的，因为“假装相信”也有其“情绪振动”频率。“因为怀疑，所以逼自己相信”，这是一种“怀疑”的振动频率，自然会引来许多相应的人事物。据我观察，身边的人用“假装相信”来使用吸引力法则多半是不成功的，那是因为假装是骗不了心的，心才是真正发出频率的发射站，心的感觉才是如实的振动频率(可以用O环测试：让不会说谎的身体告诉你心的实情)，除非你真能做到戏假情真，否则这就是许多人心想事不成的主因，心不诚则不灵，那还不如不要“假装”。

举个例子来说，有人希望吸引到能与他结婚的伴侣，就算他再怎么努力想象新娘的长相、结婚典礼的细节，再怎么假装开心，再怎么逼真都没用，如果当他看到好友结婚时，他第一个跑出来的念头是：“凭什么他条件比我差却比我先结婚？应该很快就会离婚吧！”这一个突如其来、挡都挡不住的念头才是他心里对“结婚”的真正情绪，这才是根本创造的“原力”(the Force)，这种情绪是用再多“假装相信”都掩盖不了的潜意识的真实。所以可以用“突发事件”来突击检查自己对这梦想真正的感觉情绪是什么，因为产生“创造”的心弦是完全呼应你内在所有情绪的，当然包括你自己没觉察到的，你或许可以骗得了自己，但你的心是骗不了宇宙创造法则的。

从现在开始，心未想，事已成

- 真正启动“弦能量线”的，并非你在想什么，而是你在感觉什么。不是你所“想”的在创造未来，而是你所“感觉”的才能创造未来。
- 要把梦想的感觉范围拉大，越大越好。
- 你的心情就是最好的创造频率，这频率会像涟漪般扩散，与这频率相对应的人事物，会自动进到这频率波中，加大这频率波的显化力量与速度！
- 没有所谓“正面”的人事物，所有的人事物都是中性的、未被标签化的，你的心情不同解读也会不同，而且在不同人的眼中也会有不同的定义。
- 假装是骗不了心的，心才是真正发出频率的发射站，心的感觉才是如实的振动频率。

第二点

• • •

人们不知自己真正要什么，
于是“心想事成”就成了灾难！

当人看不清、状态不佳时，许愿若成真，就是一连串的灾难！

因为我们在二元对立的地球上，有光明就有黑暗，有正极就有负极，所以《秘密》这本书当然也不例外，会带来正也会带来负。正面的影响是：让很多人从负面悲观的泥淖中起身，走向正面积极的人生。负面的影响是：太多人并不知道自己真正要什么，总是看到别人有了什么、广告宣传什么让自己动心的事物，于是依据这个总体社会价值观来许愿，例如：名、利、珠宝、跑车、有钱的伴侣、豪宅（特别是《秘密》影片中所列举的）……结果造成了一些“心想事成”后发现那原来并不是自己真正想要的人生灾难。

我身边就有一个深受“吸引力法则”之害的好友，讽刺的是，他自己本身就是推广“正面思考”“吸引力法则”的教育培训师，他以这法则成功地进入了名校、名企业，吸引了美丽而且有钱的伴侣，生了两个可爱的小孩，住进妻子家族企业里的豪宅，享有四个佣人两位司机，每年出国度假好几次……但一次偶然的机会，他认识了一个女孩，并疯狂地爱上了她，于是之前努力吸引来的“幸福”与“财富”，像电影《楚门的世界》中表现的那样瞬间瓦解。他很想抛妻弃子，上亿财产也不要了，他一心只想跟这个女孩在一起，但这女孩的家境清苦，负债好几千万，身体也不好，需要庞大的医药费……他瞬间陷入了很悲惨的精神状态与生活处境，他经常问自己，究竟自己真正要的是什么？自己在吸引什么？自己在创造什么？

《名望、财富与野心：成功真正的意义是什么？》（*Fame-Fortune-and Ambition*：*What Is the Real Meaning of Success*?）讲得非常好：“除非你全然地意识清醒，否则如果你的祈祷实现了，那会是一种惩罚。那些在寺庙、教堂、清真寺、犹太会堂祈祷的人应该多想一下，如果他们的愿望成真了，结果会怎样？他们一定会要求收回他们的祈祷，因为所有那些欲望都来自于深沉的无意识，他们不知道那会带来什么样的结果与后果。”之前听朋友讲了一个亲身经历：她想要两千万开店资金来完成梦想，于是她效仿《秘密》影片中的示范，把自己想要的金额写在一张支票上，当她一写好，脑中突然浮出“啊！爸妈正在飞机上，旅游意外险刚好是两千万”，所以她当下撕掉了支票，不再许愿了。

我另一位同事效仿《秘密》，以吸引力法则吸引到自己要的房子，但一搬进去却发现房屋漏水、隔壁邻居噪音扰人……后来导致夫妻不睦吵着要离婚，但遇到房价下跌房子卖都卖不掉，他只好搬回他刚出社会时的小房子——当人看不清、状态不佳时，许愿若成真，就是一连串的灾难。

我自己的亲身经历更是不可思议。我有个自美国回来的好友，两人难得见面聊得非常愉快，但两人大约在一个小时后都各自有会议，我一边送他到楼下，一边感叹：怎么彼此都这么忙，如果能再多聊几小时该有多好。结果一出大门，冷不防地一辆不知从哪里冲出来的摩托车撞上我的腿，于是好友只好马上取消会议送我去急诊室检查有无大碍，就这样两人多相处了近三个小时，而对摩托车是从哪儿冒出来的，我们到现在还是搞不清楚（当时我们一人看马路右边，一人看左边，照理说应该没有视觉死角）。经过这件事我学乖了，就是要活在当下，现状是什么就是什么，不要乱许愿。

《秘密》一书中《秘密的法则》这篇提到：“你要相信并

且知道，你的生命经验就掌握在你手上，只有好的事物会进到你的生命。”问题就在于：很多人没有足够的智慧能判断何谓“好”的事物，况且何谓好，何谓不好，在不同的生命阶段其判断标准是不一样的。以塞翁失马为例，一开始认为的悲剧，也得到后来才知道是祸还是福。

当人们一开始遇到突来的人事物，往往会用过去的经验判断是好是坏，若过去经验不佳，就会以过去的成见，把现在要来帮助他圆梦的人事物推开，因为吸引力法则告诉他，要专注在自己喜欢的，避开自己不喜欢的，于是资源就流不进他。当他没有足够长远的眼光，看到眼前这些人事物与他梦想的关系时，就算《秘密》一书中提到要“接受”，但若他是心不甘情不愿地“接受”，就会创造出“不愉快、不甘愿、沮丧失落”的振动频率，这也是心想事不成的原因之一。

许错愿望了，难怪心想事不成！

《秘密》提到心想事成的三步骤：①要求；②相信；③接受。很多人心想事不成的原因在于：一开始就给错要求了，或是他／她所提的要求，并不是他／她真正想要的。

我在《十四堂人生创意课3》中举了一个好友的实例：她一直有不孕的困扰，经检查后夫妻两人都没有问题，因为丈夫是独子，有传宗接代的压力，她很努力试了各种中西医的方法，也试了“活在自己已经怀孕”的喜悦状态，但每个月都让她失望，后来我问她：“你从小到大，觉得什么是最重要的？”她完全不假思索地说：“自由！能够不被羁绊，想去哪儿就去哪儿的自由！”当她冒出这段话，不用我再多说什么，她自己完全明白，她真正想要的“自由”，与她所许的“怀孕”愿望是有违背的，所以当她心底真正想要的是自由时，就会形成自由的振动频率，这与她口头上的愿望不符，所以愿望就很难成真。

这时候就有人要问了：“我打从心底就热爱自由，也不打算要有小孩，可是怎么还是怀孕了？”这就牵涉到你的人生蓝图，即你究竟打算此生来体验什么，这将在第十点详述。

无穷无尽的欲望，
让“心想事成”变成了一连串的诅咒

我们可以看到自己或是身边人，正受着“圆一个愿又许另一个愿”的无穷无尽的渴望之苦：自己希望早点结婚，等到有了孩子，继续希望孩子早点结婚；自己考上名校进大企业，继续希望孩子也能进名校与大企业；自己希望拥有千万身价，继续希望伴侣与孩子拥有亿万身价……如果这个愿望满足了，你还想要有下一个更大的愿望，这就表示前一个愿望有问题，否则一个愿望就足够了。

更明白地说，这不是“愿望”，而是“欲望野心”，因为欲望野心是无穷无尽的无底坑，是越吃越上瘾的毒药，而且经常导致自我毁灭，这样的例子可以从许多乐透头彩得主身上看到：美国作家阿比吉尔·亚当斯曾追踪多名乐透得主，发现他们都在中奖几年后即散尽千金，吸毒、酗酒、离婚、被绑架杀害……比没中奖前的生活还惨，这些人宁可自己当初没中奖，于是阿比吉尔·亚当斯把这些悲惨案例写成《十大恐怖乐透》，这就是欲望成真的恐怖后果。

某印度大师曾讲过一个很经典的弥达斯国王（King Midas）的神话故事：这国王祈祷自己所碰到的每一样东西都成为黄金，当他愿望成真，他碰到的食物、水、家人全都变成了黄金……他以为自己将成为全世界最富有的人，但事实上他却成了连饭都吃不了、所有人都远离他的可怜之人。当人不知道自己许愿后的结果是什么时，梦想成真就变成了灾难，这就是“菩萨畏因，众生畏果”的道理。

“钻石途径”系列之《内在的探索》(*Diamond Heart Book 1*：*Elements of the Real in Man*）提到：“当你感受不到自我价值时，你的内心会有一种空空洞洞的感觉，你会感到匮乏、自卑，只想拿外在的价值来填满这个洞，你会利用别人对你的肯定和赞赏来达到这个目的，你会以虚假的价值来填补这个洞。我们带着一身的坑洞四处奔忙，却往往无法察觉到它们。我们通常只能意识到自己的欲望：我想要赞美，我想要成功，我想要这个人的爱，我想要这种或那种经验。欲望与需求一出现，便暗示着坑洞已经冒出来了……当你和某人建立起深刻的关系时，你就会用那个人来填补你的洞，一旦那个人死亡或是关系结束了，你不会感觉失去了那个人，你感受到的是填补坑洞的东西不见了，感觉丧失了自己的一部分，因为以前被他填满的洞现在又暴露出来了，这就是你会那么痛苦的原因。”建议在设下梦想之前，先检视一下自己是否还有“因空虚而产生的欲望之洞”，请先把自己充实填满，把自己拉到生命的主轴，找到自己生命的本体，如此，未来才不至于因无止境地追逐欲望而失速偏向。

很多人忘了自己最终到底要什么！

刚才提到，太多人不知道自己真正要什么，总是看到别人有了什么、广告宣传了什么让自己动心的事物，于是依据这个总体社会价值观来许愿，例如：名、利、珠宝、跑车、有钱的伴侣、豪宅、窈窕的身材……其实这些并非是每一个人都需要的，但大家都把努力的焦点、时间精力全都放在这里，目光视野变得狭隘了，于是产生了竞争之心，偏离了自己独特的生命道路，把原本属于个人展现非凡的创造法则，用在竞逐相同的目标，真的非常可惜。

《名望、财富与野心》这本书说得很好："当你开始寻找时，你变得全神贯注，变得封闭狭隘；当你不寻找、不追求的时候，你向四面八方、所有向度、对整个存在都是敞开的。"举个例子，我有位一起去印度修行的好友，她希望自己能有个一起修行的伴侣，于是她倾全力专注在"吸引"这样的真爱伴侣到她面前，甚至将“寻找真爱”列为自己修行或是心想事成的祈祷目标，但她忘了自己最终极的目标是“修行到达觉醒的彼岸”，而非伴侣。当她在等一位真爱的灵魂伴侣一起渡河，就像是死守在港边等一艘名为“灵魂伴侣号”或是“双生灵魂号”的船把自己运到彼岸时，却没看到其实吊桥就在视觉死角处，就在旁边几步路的地方，自己走过去也能到彼岸。死心眼地等船，没去试试水其实不深，只要自己游过去也可以到彼岸，于是一堆人就乖乖地等在港口边排队候船，边祈祷边练习真爱吸引力法则，等船等到忘了自己其实最终只是要渡河！还有人一上了船就不下船，随船来来回回，忘了自己本来想去哪里，还强占船不让这船继续载别人，以为占住了船就占住了彼岸……这些等到上岸了，就全部一目了然。

在爱的关系中修行，许多人总是期盼一次就来一个“对”的真命天子或真命天女，两人可以一起相爱到老。但我们都知道，每一个来到你面前的人，无论完美与否，都会带你往前穿越一个又一个障碍。虽然《秘密》一书中提到“接受”，但如果一般人没有那样的视野与想象力，就很难理解并从心底接受眼前这位不符合标准的对象。所以我建议要勇敢面对每一段感情，不要用“完美”的标准等一个“完美的 Mr. Right 或 Ms. Right”，事实上也没有所谓的“完美爱人”，每一个来到你面前的人身上，一定都有你会喜欢的特质，去接受并享受这些特质吧，因为每一段关系都是非常宝贵、独一无二的旅程！

到底为何需要“减重”？美丽不能被典型化！

《秘密》一书中《秘密的运用》这篇提到：“如果你专注在‘减重’上，你就会吸引‘必须减更多体重’的想法来……如果某人体重过重，那是因为他想着‘肥胖的思想’，不论那人自己有没有察觉到，一个人不可能想着‘瘦的思想’而同时又是胖的，那完全抵触吸引力法则。”我相信许多人看过也实验过这个方法，排除基因的因素不谈，其实许多人会暴食或是过食的原因是出自于对生存的担忧与恐惧、没安全感或是自我价值感低，这些都是灵魂非常底层的“能量弦”，如果不是从这几个非常基本的面向去解决，就算头脑努力想象自己“已经有完美的体重”，大部分还是失败的多。

但更重要的是“减重”动机。《卖梦人》中有一段话真是让人醍醐灌顶：“什么是典型的美丽？时装界为了引起人们注意并且增加销量，把身材完全不同于一般正常体型的年轻人，塑造成美丽的标准。能有多少人有一张瘦削的脸、纤细的腰、挺拔的鼻子和颀长的脖子？或许一万个年轻人当中只会有一个。然后时间一久，这些人自然而然就成了大家向往的典型之美……少数天生条件优秀的人所具备的美丽要素，现在是想追求美丽的人必备的要件，孩子们喜欢玩身材比例被扭曲的芭比娃娃，青少年把模特儿当作是理想美的标准，有上亿名女性误解了典型之美，甚至不惜伤害自己的身体。这是集体潜意识下惊人的结果！女人应该有着自己与生俱来独特且专属的美丽，美丽不能被典型化！”

你究竟是为了健康而减重，还是为了别人的眼光、为了抓住伴侣的心而减重？如果你是为了他人的目光标准而减，那么这个世界上永远都会有个比你更轻盈的人，刺激你再继续减几公斤，或是会有个更清瘦的情敌出现，让你永远对自己都不满意，越减重，心情、精神与健康状态就越不佳。当你把别人的标准套在自己身上，就像削足适履，怎么走都怪。要知道你拥有独一无二之美，就像我们无法把百合花与玫瑰拿来一起选美，究竟是要比三围还是比胖瘦？大自然里没有所谓的“名模鸟”或是“名模花”，当你把自己跟名模的身材比，你永远都挫败，因为**你把鲜活的身体当成工厂模块，随时都会有比你更符合标准的人出来替代你，你唯一能做的就是发挥你的独有之美，**只要身心健康、自信自爱，你就是最有魅力的人。我很喜欢网络上看到的一句话："你只能做你自己，因为其他角色都有人了！"

在《秘密》中有一篇《你的秘密》提到："'竞争'就是分离感的一个例子，你的竞争思想起源于'匮乏'的心理状态，你认为'供应'是有限的，认为东西不够分给每个人，因此我们必须通过竞争、奋战来获得东西。"

其实"竞争"不只是起源于"匮乏"，而是走错方向，刚才举了大自然的例子，照理说人人头上一片天、脚下一片地，应该是每人自有独一无二的途径，但大家都挤到同一个地方抢有限的东西，就忽略了原本在你脚下的那块地，地下一定有你专属的资源和能源。当你想要竞争，就表示你走错路了，我们无法拿着别人的地图找自己的路，这就是当你想用"吸引力法则"去打败别人、赢得竞争时，你会经常感到挫折的原因。

从现在开始，心未想，事已成

- 当人看不清、状态不佳时，许愿若成真，就是一连串的灾难！
- 在设下梦想之前，先检视一下自己是否还有“因空虚而产生的欲望之洞”，请先把自己充实填满，把自己拉到生命的主轴，找到自己生命的本体。
- 没有所谓的“完美爱人”，每一个来到你面前的人身上，一定都有你会喜欢的特质，去接受并享受这些特质，因为每一段关系都是非常宝贵、独一无二的旅程！
- 你唯一能做的就是发挥你的独有之美，只要身心健康、自信自爱，你就是最有魅力的人。
- 心不甘情不愿地“接受”，就会创造出“不愉快、不甘愿、沮丧失落”的振动频率，这也是心想事不成的原因之一。

第三点

• • •

你想要的，你现在身上就有！

从“未来的自己”看“现在的自己”，找到你现在没看到的机会点！

还记得《秘密》影片里,《心灵鸡汤》的作者杰克·坎菲尔德（Jack Canfield）在纸钞上写了10万美元贴在天花板上，每天早上醒来第一眼看着它，想象自己的目标已经完成之后的生活方式，让自己心想事成的例子吗？很多人会开始想:“那我也拿张纸钞写个数字，我就不相信会成真!”这是此影片最容易让人误解“心想事成”的一个部分。

以杰克·坎菲尔德为例，当他写下他要的10万美元，隔了四星期在一次冲澡时，他突然有了能赚10万美元的灵感(请注意以下的陈述)，他“突然想到”自己“已经”写好了一本书，所以他把这两件事联想在一起，算一下如果能卖40万册就会有10万美元，于是他把书拿去出版，甚至所有会让书有可能卖到40万册的灵感都一一跑到他面前，结果当年他赚了 92327 美元，非常接近他要的目标——书已经写好放在那儿，但之前从来没有这种想法，如果他没写下他要的金钱目标（他想要完成的“未来自己”），他是看不到“现在的他”有怎样的机会可以瞬间致富，只有当他设下“未来的他”，**从这个“未来的他”看“现在的自己”，他瞬间就看到了实现目标的可能机会点在哪儿，而这些机会点早就存在于“现在的自己”之中**，只是之前“现在的他”看不到，只有“未来完成式”的他才看得到。这就是为什么他只需写下目标，把自己真实想象在“已完成目标的自己”里，至于要怎么完成，他想都不必想，灵光一闪都会在他的眼前接连出现，这路径绝对不是“现在的他”所能想出来的，如果“现在的他”能推想出未来的路径，他早就不是现在的自己了。

再次强调重点，杰克·坎菲尔德的 10 万美元梦不是透过中乐透、意外之财而来，而是他本来就“已经”写好但还没被他看出价值的书，以前的他看不到自己书的价值（如果他看得到，早就不是现在的他了），现在他通过他的愿望之眼，重新发现了这本书的价值。我在《十堂量子创意课》中提过：**“现在的你”，早已藏有“未来的你”所需要的一切。**你现在一定已经具足独立圆梦的条件，不需外求，你只需重新发现过去自己看不到的潜力点，清除通往未来的盲点，看到自己身上已经有的，完全不必外求——当杰克·坎菲尔德写下10万美元的目标愿望时，如果他幻想会有一天有人突然给他钱，或是中大乐透头彩，那么他就会忙于找出谁是他的金主，忙于吸引他的金主，或是忙于研究彩券号码，忙于吸引乐透头彩，而忽略了他身边早已有可以完成10万美元的机会点（那本早就写好的《心灵鸡汤》，怎么自己之前就没看到有这么高的价值），就错过了他身上原有的机会路径。这就是为什么很多人用了跟他一样的方法却梦想不成真的原因。这段影片的重点在于：要从“未来的自己”（高维度、制高点）往“现在的自己”（较低维度、低平面）聚焦，往回看你的现有状况与机会，就能看到自己原有的条件中的新价值，这比中乐透或是盼到意外之财的概率更高、成就感更大，而不是往“外在的人事物”（同样处在低水平面的人事物）上去搜索可能性。就像史蒂文·斯皮尔伯格的《战马》（*War Horse*），只有有慧眼的人能看到它独特的价值，但它连跑都还没跑呢！

也就是说，并非是你想要多少钱，写了就有，如果这么简单，那么现在绝大多数人都已经是亿万富翁了。

先做出最独特、最关键的事让所有人看见你，让资源从四面八方流向你！

我举一个身边好友G的例子。他很喜欢写作，也希望有一天能当自由作家，但因为他认为当作家收入不稳定无法养家，于是他考上了高薪的公务员，每个月都有稳定的收入，他如一般人的设定：等存好退休金后，再圆写作与旅行梦。但这份工作却占据了他绝大部分清醒的时间，所以他没有足够的时间去写作。我给他的建议是：不必急着离职去专心写作，只需做好时间管理，把握工作以外的琐碎时间来写。我跟他说，你要先写出最关键的代表作，例如他最不可思议、超乎凡人的生命经验，这就是他优先要写的书，这本书就能让他一步到位，能为他带来相应的版税，比他当公务员更高。等到这本非常具有他独特风格的书出版，大家看到他、知道他，这本书瞬间成为畅销书，能见度变高时，很多资源会自动流向他，包括到外地演讲的旅行机会，甚至会有出版社愿意预付版税，让他可以更安心写作——只要做对、做到这件关键的事，高视野加上跳脱原思维框架的想象力与冒险行动力，可以为他省去很多努力的过程，比乱枪打鸟、做一百件琐碎的事加起来更有效，带来的资源更大更多。或是有电影公司找他的故事来拍电影，接下来他可以继续创作以公务员为题材的小说，就像电影《穿普拉达的女王》的作者，她如果辞掉工作待在家里写作，就写不出那么引人共鸣、拍案叫绝的小说。

问题就在于：你是否能看到“你该做的这关键优先的大事”是什么？而不是如《秘密》一书中所说：“只要一直心想着‘要更多时间’，时间就绰绰有余。”如果你不能去芜存菁，好好把最关键的一件大事做到最好，时间再多都是不够用的。就如同作家章成提到的：**“时间=能量，按照我自己的天性步调，如果一样工作需要十件事配合，我只要做那件最重要的事，另外九件事就会自己跑来组合。如果我开始陷入紧张焦虑，就会变成十件事都需要我自己张罗。”**

《秘密》一书中杰克·坎菲尔德提到：“你只需看到前方60米的道路就可以了，信任宇宙，要信任、相信、有信心！”这对于视野广大的人而言是可行的，因为他已有全貌版图，但大部分的人受限于现在的视野，于是有可能会走向死胡同，或是在迷宫里绕几圈都出不来——**从你原来的地方到不了你要去的地方，你得从将来你要到的地方的远处高点，回头看你现在有哪几条路径可达，你可能会意外发现只需离开你的惯性方向，掉个头或是转个弯，一下就到目的地。**网络上有个小故事最精辟：一个旅者问路人：“请问从这里到德里还需多久？”那位路人回答：“如果照你这个方向，要走上一整个地球，但如果你愿意掉头，德里就在你身后。”当你从高处往下看，发现以前去买杯咖啡都得走十分钟很曲折的路，没想到在你家后巷（而你从未走过）就有一家咖啡馆——改变惯性走法，一转身几步就到，这得到高点才看得到，否则白绕很大的弯而不自知（但如果你是乐于享受迂回途径者，就另当别论）。

我经常举的例子是：几年前我到南印度喀拉拉体验阿育吠陀疗法，住在海边的度假疗养中心，这中心旁边有个小渔村，每天清晨，村里约数十名的男壮丁出海捕鱼，他们从一开始祈祷、唱歌振奋士气、合力撒网，几个小时后一起拉网回来，摊在岸上却只有几条巴掌大的小鱼，根本养不活全村这么多人。然而他们不死心，近中午再继续出海捕鱼，回来的结果依然如此……

我就这样在岸边看着，努力又失望的戏码天天上演。他们很努力，且不怀疑自己一定能丰收的信念，照理说他们应该能享有“正向思考吸引力法则”的丰盛成果，但真实情况是：这些村民过去在这地方的努力是有相当不错的回报的，只是现在全球气候变化太快、鱼群转向，或是渔货在其他海域被截走了，导致这个地方网不到鱼——这就印证了《六趣轮回经》（*The Wheel of Life*）所说的：“一切失败来自错误的认识。”如果少了既高又广的视野，有些事努力是没有用的，如果在不对的地方努力，还是一样没有收获。

我们想要成为的状态，

其实现在就已经是了，但我们自己看不到！

这个在网络上流传的例子，大家应该很熟悉：

一位美国人在海边村庄的码头上漫步，看到一艘小船上有几条大黄鳍鲔鱼。

美国人向渔夫赞美鱼的质量，并问他花多久时间捕到这些鱼？

渔夫回答说："只一会儿的工夫。"

美国人接着问道："那为什么不在海上待久一点，捕更多鱼呢？"

渔夫说："这些鱼已足够家人食用。"

美国人又问："那你其他时间都在做什么？"

渔夫回答说："我睡到很晚，钓钓鱼，陪孩子玩，和老婆睡个午觉，每晚到村里喝点酒，跟朋友弹弹吉他，每天都活得很充实。”

美国人嘲弄地说：“我是哈佛企管硕士，可以帮助你。你应该花更多时间捕鱼，接着买艘大一点的船。然后再买几艘船，拥有捕鱼船队。你不用卖鱼给中间商，直接把鱼卖给加工厂，然后，拥有自己的罐头工厂。最后你可以搬离这个沿海小村庄到墨西哥、洛杉矶，在那里扩张事业。”

渔夫问：“但是，先生，那要花多久的时间？”

美国人回答：“大约15年到20年。”

渔夫说：“然后呢？先生。”

美国人笑着说：“接着就是最棒的了。如果时机好，你可以宣布股票上市，把公司股票卖给大众，成为有钱人。”

渔夫说：“成为有钱人？然后呢？”

美国人说：“然后你就可以退休了。搬到一个小渔村，你可以睡到很晚，钓钓鱼，跟孩子们玩一玩，和老婆睡个午觉，每晚溜达到村里喝点酒，跟朋友们玩玩吉他。”

渔夫说：“这不就是我现在过的生活吗？”

在《名望、财富与野心》一书中举了两个很经典的例子，说明**人们总是不安于现状，老想扩张他的梦想，不知道自己许的愿会带来什么结果，最后还是回到原处。**第一个例子：一个凿石工人向天使许愿，他想变成一个有钱人；等到他变成了富翁，看到了大批人马护阵的国王，于是向天使许愿说想变成国王；等到他变成国王，在巡视时被阳光晒伤，觉得太阳的力量超过他，于是向天使许愿说要变成太阳；等到他成了太阳，云挡在他与地球之间，于是他想变成云；等他变成云，凝结成雨普降大地，洪水成灾却冲不掉巨石，于是他想变成那块巨石；等到他变成坚固的大石后，一个凿石工人过来要开始工作，他又想变成那位凿石工人，于是他又再度成为凿石工人，一切回到他当初许愿前的样子，但不一样的是，他已经懂得知足了！

第二个例子：一位飞行员指着飞机下方的村庄给副驾驶员看，说："当我还是光脚丫的孩子，我经常坐在那平底船上钓鱼，然后每次飞机飞过，我就会抬头看着上方，梦想自己正在驾驶着那架飞机，现在我往下看，我却梦想着自己在钓鱼。"这就是在高点看到"原来的自己"已经完美的最好例子。

我们想要成为的状态，其实现在就已经是了，但我们自

已看不到，只是忙着跟大家一起许愿、努力追逐。我举个以前大学同学J的例子：几年前因为金融风暴，在银行上班的J无预警地被要求放“无薪假”，他既震惊又沮丧，完全不肯接受这个残酷的事实，想利用吸引力法则吸引到新工作。我跟他说：“咦，你以前不是经常抱怨工作太多，没有时间运动养生、好好陪陪家人，希望早点退休吗？现在你的梦想时刻到了！”于是他调整心态，把失业的日子过成退休的生活，他开始运动、健身，还去圆了他自小以来的梦——向法国米其林餐厅主厨学做甜点。现状是：他开了自己的甜点小铺，生意好得不得了，比他在银行当理财专员的收入还高。现在他再回首看过去的那段日子，发现这个原本可能会把他拖垮的失业事件，现在居然成为人生跃进梦想巅峰的跳板。只要你站得够高够远，就能看到**眼前的“意外”其实藏有非常棒的礼物，一定有你目前还看不到的正面意义。网络上看到的一段话说得很好：“所有的事一定都是好事，如果不是，表示你还没等到最后！”**

电影《蚂蚁的尖叫》（*Scream of The Ants*）有段旁白非常棒：“我跨越七大海洋，攀越七大高山，走过所有河谷，等我回到家时却惊异地发现，全世界就在我家的花园里，那一小片叶子的露珠里。”生命绕了一大圈，才知道自己不必外求，只需待在原地就可享受自己想要的状态——换个视点自己就是伯乐，何必老在“吸引力法则”里像鬼打墙似的转个不停？

从现在开始，心未想，事已成

- “现在的你”早已藏有“未来的你”所需要的一切，你现在一定已经具足独立圆梦的条件，不需外求。
- 要从“未来的自己”往“现在的自己”聚焦，往回看你的现有状况与机会，就能看到自己原有的条件中的新价值。
- 只要做对、做到这件关键的事，高视野加上跳脱原思维框架的想象力与冒险行动力，比乱枪打鸟、做一百件琐碎的事加起来更有效，带来的资源更大更多。
- 我们想要成为的状态，其实现在就已经是了，但我们自己看不到，只是忙着跟大家一起许愿、努力追逐。
- 只要你站得够高够远，就能看到眼前的“意外”其实藏有非常棒的礼物，一定有你目前还看不到的正面意义。

第四点

• • •

你想要的，如果你现在身上没有，
就算“假装”也吸引不过来！

“现在的你”，是由
“过去的你”的所思所行创造出来的！

前一篇举了《秘密》影片里《心灵鸡汤》的作者杰克·坎菲尔德在纸钞上写了10万美元的例子，说明：“现在的你”，早已藏有“未来的你”所需要的一切，你想要的，你现在身上就有！现在要进一步地说：你想要的，如果你现在身上没有，就算“假装”也吸引不过来，你得自己发挥出来、创造出来！

我经常举我的一位好友H的例子：他在一家汽车企业工作，他跟我说想离职换一家比较有创意的公司，想用《秘密》里的吸引力法则，把他最想要就职的广告创意公司的照片贴在他的愿景板上。但我看到他的问题是：他本身没有创意，就算他观想有创意的公司，在房间贴满创意公司的照片也没有用，因为他不是有创意的人，没有创意的振动频率与磁场，有创意的公司当然不会要他；反过来说，如果他真能调整频率成为有创意之人，他就能把自己所在的工作场域变得有创意，他就不需找别的有创意的公司，反而是那家创意公司想来高薪挖他。

于是我跟他说："你是一个没创意的人，到哪都一样没创意，就算你到有创意的公司，他们也会因为你太没有创意而把你解雇。如果你真的是一个有创意的人，你就有本事把现在很无聊的工作变得非常有创意，就像乔布斯把无聊的电脑、手机变好玩了，那是因为他是一个有创意的人，他所到之处无论有多无聊，都能被他改造成好玩的产业。所以你必须把现在的工作变得非常有创意，其他有创意的公司自然会看到你的惊人表现而来找你。"

性格决定命运，如果你不喜欢自己现在的命运处境，就立即改变性格与个性，你必须知道，你是自己命运中唯一且最有力的决定者。很多人问我这个问题："如果自己喜欢的事，跟目前赖以为生的工作不一样，我是该辞职去做我喜欢的事，还是继续做自己不喜欢的事，等到赚够钱了再去过自己想要的生活？"我的回答是："如果你现在没办法把生活过成你最想要的样子，你以后也不可能有机会去过你想要的生活。因为‘现在的你’，是由‘过去的你’的所思所行创造出来的，如果你不改变目前的思维与做法，你的明天也不过就是今天的重复。”

“你现在身上就有”指的是：你必须拥有与梦想“相符”或是“相应”的振动频率，如果没有，就算怎么假装都没用，因为你与你的梦想还没通上电，何来的吸引力法则？

如何与梦想的振动频率相符或相应?

“振动频率”是抽象概念，没有机器可具体测试指数，想要理解何谓“振动频率”，以及如何调整“振动频率”，需要有非常好的视觉想象力。但是你可以依照自己曾经有过的“情绪感觉”画一张级距表，这就是你的振动频率幅度（这幅度会因你奇特非寻常的经验而扩大范围）。你可以用各种引发你情绪感觉的音乐（从振奋到平静）来作为你随时校准振动频率的触媒。

一、如何与梦想的振动频率“相符”?

1. 先行动，走在宇宙之前。

①站在净空的高度视野，当下决定、立即行动。

印度心灵老师阿玛巴关（Sri Amma Bhagavan）说：**“当你**

想要事情发生，你必须马上动起来。”（When you want things to happen，you have to become active.）

你可以先行动，依据行动的过程，慢慢调整你的振动频率场。例如，我以前还没出书时，心中就笃定自己终有一天会以写作作为我的职志，于是在签信用卡账单时，会以作家为读者签名的状态签字，然后观察自己在签名时那种分享喜悦的状态，而不是拿着书到处找作家签名。当我在看电视主持人专访作家时，也会把那些问题拿来问自己并想象自己会怎么回答……这些都是我把自己的频率调成“正是作家”的状态，而且已经在作家的创作流之中的行动。如果不让自己开始“行动”，并把情绪感觉放在“作家”的状态，就算坐在书桌前虚拟想象自己已经是作家仍是徒劳无功。

作家章成在《绝望中遇见梅尔达》中的一段话说得非常好：“‘走在宇宙之前’意味着即使没有人、没有神来帮你，而事情看起来还那么遥远时，**你却已经开始承担起自己的愿望，做任何你能做的事。**这里面包括了‘更清晰你的愿望’‘找到实现愿望所需的觉悟’以及‘念兹在兹地行动’等。‘走在宇宙之前’意味着你决定承担自己选择的人生历程当中的一切未知，当人处在这种‘大决定’状态时，将体验到一种利落简单的自由，即使是生活小事，如当你说你要吃饭，就是你要吃饭，而你就会去吃饭。这样行动中的人，会形成一种磁场，可以这么形容：当你走在宇宙之前，宇宙就跟随你。你知道那种大承担吗？它的能量可以大到创造一个新宇宙，那是你的力量，你不必活得像是个‘看天吃饭’的人。所有你们曾经赞叹过的、羡慕过的实现伟大愿望的人，对于‘走在宇宙之前’都有过不同程度的体悟。当你开始‘走在宇宙之前’时，不只是能够与宇宙间所有的力量联结，而是开始合一。”

这个“走在宇宙之前”，所有人都不看好但还是非做不可的决心，我们在《海角七号》、《那些年我们一起追过的女孩》、林书豪等例子中都看到了。最经典的例子是马特·哈丁（Matt Harding），他花光所有积蓄去旅行，在各旅行地跳舞并录视频放在自己的网站上，分享给他的家人与好友，结果视频开始流传开来，厂商看他的人气很旺，就赞助他 6 个月旅游 39 个国家的经费，到后来还吸引了许多当地的同伴一起共舞。他虽然不是专业舞者，但他非去不可，比宇宙早一步出发的决心，让所有能支持他愿望的资源，开始向心力般地卷进他的梦想版图中！

我现在对于自己的梦想都不再是“ask”，而是站在净空的高度视野，当下决定、立即行动，例如：以前的我会把希腊的照片贴在愿景板上，现在的我连找照片、贴照片的时间都省下来了，只剩下“决定”而不需要“ask”，直接订去希腊的机票，只有走在梦想之前，你才更有力量！

②行动无法取代情绪。

《秘密》中有一篇《秘密的运用》，鲍勃·道尔在其中提到：“有时候行动是必要的，如果你所做的，真的和宇宙要带给你的一致，你就会感觉很快乐，感觉非常有活力。”但这段话的意思重点在“感觉快乐”而不是“行动”，这里也是最常被误读的地方。虽然刚才提到“行动”的重要性，但不要忽略情绪才是关键。我认同新加坡Jiro老师所说：不要以行动代替情绪，因为行动不等同于情绪。比方你想要旅行，不是去把行李箱准备好，旅行机会就来，而是你能当下享受旅行所带给你的自由与新鲜情绪，若你能在这样的振动频率下开始“旅行状态下一天的生活”，会比你“强迫”自己去行动（如准备行李）更有效果！

“行动无法取代情绪”还有另一个例子。在《秘密》一书中《关系的秘密》一篇提到：“我们甚至可能不了解自己内心最深处的思想是什么，但是我们可以从自己所采取的行动中，明白我们一直都在想什么，要注意你的行动是否与你的愿望相违背。”这段话是对的，但书后面提到：一个想吸引理想伴侣的女子，借着把生活空间空出一半给未来伴侣，“假装”自己已经拥有理想爱人，结果“他”真的走进她的生命。但“假装”不是内心的真正频率，行动无法取代情绪感觉，若她心底不喜欢别人进到自己的空间，这样的“假装”是不会成真的，因为情绪心态准备好要过两人生活，比实际上的行动更有效，这部分我们得理清楚。

在《强效的方法》这篇中，约翰·迪马提尼医师说：“如果你心中想出来的景象是静止的画面，那么要保有它就会很困难，因此，为你的景象多创造一些动态的动作。”其实应该是：要加入“有情绪”的动作，因为动作无法取代情绪。

2. 把现状过到非常非常接近你要的梦想状态。

之前我在《十堂量子创意课》提过，影片《秘密》里的三法则“要求、接收、感恩”中的第二项“接收”，是最容易被忽略或是误解的地方。很多人以为心想事成、量子跳跃到新的点，就是抛弃旧的，跳到新的就行了，其实不然。我打个比方：你站在旧板块上，你与新板块之间隔着一个深谷悬崖，你得站在旧板块中离新板块最近的点，你才比较好跳过去，如果你站在离新板块越远的点，就越难跳过去，也就是说，你得知道在你现有的旧生活中，哪一种状态最接近新板块，然后在旧板块的这个点上“施力”“加速”，你才能跳上另一个点。当你龙困浅滩，先不要想着要逃到新的点、新的关系、新的工作……如果你能在眼前这个极局限的环境中，发挥得淋漓尽致，做出极有创意的成果，那么你到任何地方都可以发挥，而不是一味地抱怨工作、主管、老板、父母、老师等人事物绑住你的创意，一味消极地换环境，因为就算你到再有创意的地方，若你自己不够有创意，最终还是会被老板请走，或是没多久你又感到无聊。真正的创意高度在天际，地面的人是不可能绑得住你的。如果你被绑住，表示你还飞得不够高，还不够有创意，你得先接受现状，把现状过成你最好的版本、最好的生活状态，好到你都不想离开这里。而“感觉良好”也就是《秘密》影片里提到的“feel good”，这是一种很美好的能量流，也是要跳到新版本的最大动能，甚至可以说是唯一途径。当你在旧生活板块中，找到最相似于新生活板块的那个点，你就找到了两板块最接近的点，你才有机会以“最短距离、最短时间”，瞬间翻跳进新的生活板块、版本、剧本。这就是“接受现状后，才能往新的实相走”的道理。

“接受现状后，才能往新的实相走”这概念，在《灵性炼金术》中诠释得非常完整：“实现你的目标所需的时间，就是改变意识。如果你想让事情加速，那么就把注意力集中在自己身上，不要放那么多在现实的局限上。敞开来接受，甚至需要放下目标（放下遥远的未来）。这听起来有点自相矛盾，但事实上，你必须在全然接纳你目前的实相之后才能前进到新的。若不接受目前的实相，又紧紧抓住你的目标，你就前进不了……因为当现实没有满足这些目标信念时，你会觉得失望，有时甚至会绝望，绝望是因为你对生命中应该发生的事所抱持的强烈信念。当你放弃了、认输了，往往是灵魂的话语说得最清楚的时候，因为在你放弃和绝望时，你向新事物敞开，你释放所有期望，真正接纳了‘本然’。”所以我们要把今天过成有生以来最好、最精彩、最自由创意的版本，把现状过到非常非常接近你要的梦想状态，这才是调整“相符”振动频率的关键。

在本书第一点“正面思考≠正面感觉”中提过：我们很难精准地吸引某一件特定的物品，但可以很轻易地吸引一连串类似的感觉。除了之前举过“瞬间加速、驰骋无限、自由感觉”的例子之外，这里我再举个自己的亲身经历。我非常热爱旅行，平常在家我多半也只看 Discovery 与旅游探险频道，听各国的音乐。我会随时把我的签证准备好，不会在临时要出国时才发现护照到期。我自己还有一间旅行箱室，里面放满贴着旅行地的大大小小行李箱。我现在旅行箱室地上就有 5 个行李箱，分别标记了今年的旅行时间与地点：

3 月　印度皇宫火车之旅（中行李箱／旅行时间：9 天）。
4 月　日本透明列车+安藤忠雄禅旅（中行李箱／旅行时间：8 天）。
5 月　意大利艺术之旅（超大行李箱／旅行时间：两周）。
7 月　德国艺术之旅（中行李箱／旅行时间：9 天）。
8 月　欧洲科技艺术之旅（大行李箱／旅行时间：三周）。

平常只要想到哪趟旅行要带什么，就随手把东西往行李箱里面放，这样只需在出发前稍微整理一下就可以提着走，不会因为临时收拾行李而丢三落四。也就是说，我是一个随时活在“旅行”状态的人，否则一个“安土重迁”的人要起身去旅行是件很困难的事。托尼·惠勒（Tony Wheeler）说得很好：“如果你决定要出发，那么旅行中最困难的部分已经结束。那么，出发吧！”

把现状过到非常非常接近你要的梦想状态，我自己还有一个私房方法：每个月至少给自己放两天的奢侈假，来作为“梦想操练日”。我最近把生活调整成：**除了中长期旅行假期之外，每个月无论再怎么忙，至少都要排出两天度假。**这两天可以奢侈地吃自己最想要品尝的餐厅，住最想睡到自然醒的民宿或是温泉酒店，放掉罪恶感与责任感，这两天要像是末日般奢华地溺爱自己，**完全不看价钱地享受无限制的生命特权，我把这两天视为“未来美好生活的演练场”，**我所到的美好之地，就是我借景来造梦的参考。我很喜欢一句电影对白：“我们往往高估十年后能做的事，却低估了一年内能做的事。”我们想要的生活，现在就把它实践出来，而不是贴在愿景板上成为退休后的遥远大梦！

再举个例子：如果你想吸引一个爱情伴侣，能给你金钱上、生活上、情感上足够的安全感与幸福感，你就必须现在就活出那样的状态，等到你真的能给足自己安全与幸福时，你就会明了：你渴求的状态，自己就可以完成；你想要的安定与幸福，与是否有爱人根本无关，因为你自己就给得起，而且多到可以分享给别人，爱人只是来分享你的幸福，而不是施舍给你幸福。当你了悟只有自己才能原创出你内心需要的东西时，你的独立且丰盛的风采，才能吸引相同频率的人事物来与你共振，而不是一起索求、一起匮乏。

二、如何与梦想的振动频率“相应”？

除了与梦想的振动频率“相符”之外，你也可以思考何谓“对等相应”的振动频率。

“相符”是指把自己的振动频率，调近到你的梦想状态，“相应”则是就你目前现状的最高频率，与梦想频率相应、能量相交流的方法。举个我自己实验成功的例子，我在网络上收到一张迪拜帆船酒店的照片，觉得很美，就把它设为我的电脑桌面（那时候《秘密》还没出版，所以还没有愿景板的概念）。七天后我收到一封电子邮件，一家旅行社希望我能帮他们写公司的形象文案，并在邮件中留了一个网址。结果我点进去一看，刚好就是那张我设为电脑桌面的图，原来他们正是迪拜帆船酒店的台湾代理旅行社。于是我提出以文案交换一夜迪拜帆船酒店的入住资格，结果换到的是七天阿布扎比与迪拜之旅（有三天住在帆船酒店）。我用这样的方法，以文案、写书，或是演讲换到泰迪熊、云南之旅、香港之旅、新加坡之旅、欧洲数字艺术中心之旅等等。但前提是我必须得把文案写得够好，再远的人都看得到，这就像是吸引目光的灯塔，只要你有光，四方自然会有船只主动靠岸。

也就是说，当你想要梦想成真，其实可以不必通过“吸引金钱”，而是让你现在已有的最高价值（如某项才艺）被看到，吸引别人来等值交换你梦想的事物，如果你手上没有等值项目与人交换，就算机会到了手上也接不住。例如，我有个朋友就是以沿路为人画素描的方式，与人交换“搭便车”“住别人家几晚”“一条刚出炉的面包”“一顿豪华晚餐”……他就这样环游了世界 80 多个国家，不是有人用一根回形针交换到了一栋房子吗？

现在回头看《秘密》这本书，里面最吸引大家注意的就是“愿景板”，就是把你想要的东西贴在上面，看久了就是你的——这是《秘密》影片中最容易让人误解的地方之一。大家以为只要把自己喜欢的东西贴上去，天天看就会成真，其实却忽略了愿景板背后的故事。愿景板的制作者是约翰·亚萨拉夫（John Assaraf），他的思考逻辑与口才都非常好，而且既聪明又努力。与其说他成功地“吸引”到他心目中想要的豪宅，倒不如说他是以自己的才华交换到了想要的房子。如果他没有这些让众人臣服的创业才华，他岂能不劳而获地吸引到他梦想中的房子？

也就是说，当你把你的梦想贴在愿景板上，那只是提醒你，如果有人想要跟你交换你的才华（如写作、音乐、绘画、舞蹈等），你可以跟对方换什么回来。愿景板只是让你可以把才华的光剑，与梦想的频道校准，但前提是：自己要有高价值的能力或是作品被人看见，且别人觉得价值相应才能交换成功。再举个实例：有位很爱旅行的舞者，他通过到别国参加舞蹈节的演出，而有了许多次免费旅行的机会。我自己也是利用被邀约到外地演讲的机会，顺便在当地深度旅行，这也是因为我有演讲的能力，才能跟别人交换我想要的旅行。

你有没有“等值”或“超值”的东西（例如才华、技能）跟人交换梦想才是重点，唯有振动频率“相符相应”才能交换成功，而不是光用“吸引力法则”虚拟想象就能如愿——吸引力法则，必须是“你自己也具有吸引力”，才能成真！这点是做过愿景板却梦想不成真的人，可以修正的地方！

从现在开始，心未想，事已成

- 你可以先行动，依据行动的过程，慢慢调整你的心振动频率场，让自己与梦想的频率相符。
- 先接受现状，把现状过成你最好的版本、最好的生活状态，好到你都不想离开这里。
- 我们要把今天过成是有生以来最好、最精彩、最自由创意的版本，把现状过到非常非常接近你要的梦想状态，这才是调整“相符”振动频率的关键。
- 你想要的安定与幸福，与是否有爱人根本无关，因为你自己就给得起，而且多到可以分享给别人，爱人只是来分享你的幸福，而不是施舍给你幸福。
- 当你想要梦想成真，其实可以不必通过“吸引金钱”，而是让你现在已有的最高价值（如某项才艺）被看到，吸引别人来等值交换你梦想的事物。
- 愿景板只是让你可以把才华的光剑，与梦想的频道校准，但前提是：自己要有高价值的能力或是作品被人看见，且别人觉得价值相应才能交换成功。
- 吸引力法则，必须是“你自己也具有吸引力”，才能成真！

第五点

• • •

你的许愿，会受限于你的想象力不足！

如果你没有够广大的想象力，还不如不想！

《秘密》一书中，作家丽莎·妮可丝（Lisa Nichols）说：“当你想着你想要的事物，并且全心将焦点置于其上，吸引力法则每一次都会正确无误地把你想要的事物给你。”这些乍看很励志的话，其实内藏的问题重重。首先，我们都知道，并不是你所想的人事物会被你吸引而来，而是你的情绪感觉（包括潜意识层）的振动频率，吸引相对应振动频率的人事物，这才是创造的关键。其次，我们知道只有相同的情绪感觉频率会互相吸引，往往你吸引到的不一定是那“正确无误”的事物，而是相同的感觉频率。例如：你希望有钱，这样才能自由地去旅行，这许愿的重点在“自由去旅行”，而非“有钱”，钱只是完成“自由去旅行”的百万种渠道之一。所以当你想要一笔去自由旅行的钱时，你反而限制了“自由旅行”的其他百万种可能渠道，就像之前我举的“以文案交换迪拜之旅”的例子。只有你不设限圆梦的方法与结果，创造力法则才能不断带给你出乎意外的惊喜！

当台湾媒体开始报道某期乐透得主利用《秘密》心想事成的念力得到头彩时，往往误导很多人，以为只要一直想着“得到头彩后要做什么”的喜悦就会中头彩。其实这样反而忽略了很多平常擦身而过的致富机会，例如以独特眼光看到别人没看到的创业机会，或是更专心地发挥自己的才华换来源源不绝的财富等。当你锁定在某一样事物时，你的愿景板就窄化了你的可能性，窄化了你可以创造的更大梦想蓝图。因为你的目光如豆，反而成了心想事成的最大限制与障碍（你的想象力能有多大?)，一旦你不锁定在特定的人事物，你的情绪感觉可创造的范围就无限大了！

《秘密》一书中，迈克·杜利说：“当你在观想、在心中营造景象时，永远而且只要思考‘最终的结果’就好。”迈克尔·柏纳德·贝奎斯（Michael Bernard Beckwith）也提到：“你可以从一无所有开始，然后从这一无所有、从这不可能之中，道路就出现了！”这两段话就是问题所在，因为绝大部分的人都有着陈年的旧思维、旧思考轨迹，让他继续创造与过去一样的命运会很容易，但他很难凭空创造出截然不同的新事物。就如同弗兰克 · 盖恩斯（Frank Gaines）所说：“唯有能见人所不能见者，才能做到人不可能做到的事。”比方一个小时候没钱买洋娃娃的孩子，他所想要的只是努力赚钱将来可以买这个洋娃娃，他因为有这个“求不得苦”，就限制了他能想象更大的梦，例如创办一个洋娃娃的公司等。

《秘密》一书中《强效的方法》这篇提到：一位叫洁妮的女子，她看了《秘密》影片后，对鲍勃 · 普罗克特印象很深刻，利用吸引力法则真的见到了本人。这个例子就是我个人认为很没想象力的范例，同样的时间与精力，她可以用来创造自己不一样的生命价值。如果我是洁妮，我就会重设梦想，并列出我欣赏鲍勃 · 普罗克特的哪些特质与特点，反思自己是否也想要开启这些特质特点上，然后将所有的精力放在如何发挥自己被埋没的这些特质特点，甚至让自己成为一位比鲍勃 · 普罗克特更具有力量、让粉丝来找你签名的影响者。这就是更大的梦想创造，而不仅仅是利用吸引力法则创造出能成功亲见偶像一面、拿到偶像签名的小粉丝。

同理可证，如果你想要名牌包，你得问问自己，你究竟喜欢这个包带给你怎样的价值与感觉？是虚荣还是设计感？如果是虚荣，这个梦想即使完成也不足以增加你的任何价值，因为旁边只要有一个人跟你拿一模一样，甚至比你更高档的名牌包，你就瞬间被打败。但如果你喜欢的是这名牌包独特的设计创意与风格，那么你自己也可以致力于创出自己的品牌——与其观想、吸引一个名牌包，还不如观想自己设计的品牌，被别人列为与 Louis Vuitton、GUCCI、COACH、Dior、CHANEL、Hermes 并驾齐驱的名牌包。

这样的例子在《秘密》这本书中比比皆是：一个叫柯林的 10 岁男孩，利用《秘密》书上的方法，让“不必排队游迪斯尼”的梦想成真，但如果换成一个更有创造力的孩子，他可能会因第一天排队受挫，而去想象自己创建一个属于自己的游乐园。之前有个类似的实例：一位名叫内森·萨瓦亚的律师，小时候就是以乐高玩具完成所有“他想要但爸妈没买给他”的东西；到他 36 岁时，他决定放弃年收入六位数的高薪，开始以乐高创作出一件件震惊世界的作品，每件作品少则数千美元，多则一万美元以上，他认为这个世界上没有用乐高做不出来的东西。日前也看到有贫困的孩子，以资源垃圾创造出许多玩具来自娱娱人，所以在教导孩子使用吸引力法则时要特别注意，别让没想象力的大人，把“限制的思维框架”传染给了本来很有想象力的孩子！

如果你能吸引一杯咖啡，为什么不去吸引一个咖啡王国？这个世界上，能像电影《盗梦空间》里的经典台词——“要敢于做更大的梦”的人寥寥无几。人的想象力往往被自己的“欲望”所局限，而这欲望往往受制于社会媒体所塑造、催眠出来的集体价值观。顶尖创造者与普通追随者的差别只在想象力与执行力，我们只能想“能想得到的”或是“敢想”的，我们无法想象那些“自己想都没想过”或是“连想都不敢想”的人事物，想象力往往受限于我们过往的生活与学习经验，你有限制的脑袋只能吸引或是创造出有限制的人事物。当弦理论所发展出来的创造法则不用在原创项目时，它就只能沦为吸引现有东西的收集狂，一个在支流末端等源头供水给他的人，他的资源是受限的，创造的流域只会越来越窄。

《草木自己生长》(*The Grass Grows by Itself*) 中有一段很美的话：“在一个紧握的拳头里面没有空间，在一只张开的手里面，整个天空都在那里。”如果你没有够广大的想象力，还不如不想！

如果你许愿在金钱上，
你就会忽略其他“非金钱”的资源！

《秘密》一书中《强效的方法》这篇提到：“‘观想’之所以会这么强而有力，是因为你在心中创造一个看见‘已经拥有想要的事物’的画面，于是你就会产生‘现在就已经拥有它’的思想与感觉，‘观想’就是强力专注在画面上的思想，它会引发同样强烈的感受。”这段问题在于“当你专注于某个画面时，你就有可能受限于你既有的想象力”。举例来说：如果有人照着《秘密》的影片所述，花很多时间去观想中乐透头彩后可以享受怎样的生活，结果就浪费了发挥才华去写作、绘画、跳舞、歌唱、拍电影等的宝贵机会，这些都极有可能因为专辑大卖或是电影票房卖座，获益比头彩奖金还高，后者成真的概率不见得比前者低，但成就感一定比中乐透更高。想象一下，如果当初穷困潦倒的罗琳，努力去观想中乐透后的生活，她就没有时间精力，写出这套全球热销数亿册的《哈利·波特》系列作品（收入早就超过了乐透头彩金额）。

也就是说，如果你许愿金钱，注意力与焦点就会在金钱上，你就会忽略其他“非金钱”能让你梦想成真的资源与机会！这也是《秘密》大卖后造成的后遗症之一，特别是那些想一步登天、一夕致富的年轻人，他们浪费非常宝贵的人生精华时间聚焦在这些数字上，就算真的让他中了头奖，他也只能花钱，却无法以这些钱配合他的才华去延展出更大的梦想舞台。

爱因斯坦说得对：“想象力就是一切，它是生命将发生之事的预览。”但与其以有限制的心智吸引有限制的人事物，还不如全部放空不再许愿，让自己活在全然的当下，接受当下具有的所有创造新命运的机会，让更多可能性进来，让自己漂浮在广大愉快的创作之流上，这个“流”会让人感觉兴奋、激昂、自信、专注、有行动活力……然后享受每一个意外惊喜！

从现在开始，心未想，事已成

- 并不是你所想的人事物会被你吸引而来，而是你的情绪感觉（包括潜意识层）的振动频率，吸引相对应振动频率的人事物，这才是创造的关键。
- 当你锁定在某一样事物时，你的愿景板就窄化了你的可能性，窄化了你可以创造的更大梦想蓝图，反而成了心想事成的最大限制与障碍。
- 顶尖创造者与普通追随者的差别只在想象力与执行力，我们只能想“能想得到的”或是“敢想”的，我们无法想象那些“自己想都没想过”或是“连想都不敢想”的人事物，想象力往往受限于我们过往的生活与学习经验，你有限制的脑袋只能吸引或是创造出有限制的人事物。
- 如果你许愿金钱，注意力与焦点就会在金钱上，你就会忽略其他“非金钱”能让你梦想成真的资源与机会。
- 与其以有限制的心智吸引有限制的人事物，还不如全部放空不再许愿，让自己活在全然的当下，接受当下具有的所有创造新命运的机会，让更多可能性进来。

第六点

···

丰足吸引丰足法则：
当你不再需要吸引任何东西的时候，
你原来需要的人事物，
反而倒过来需要你！

当你真的具足，
你以前需要的反而倒过来需要你、流向你！

《秘密》一书中鲍勃·普罗克特提到：“你将吸引你所需要的一切。如果需要钱，你就会吸引到钱；如果需要人，你会吸引到人；如果你需要某本书，你就会吸引到那本书。”依照我这几年的人生经验，我体悟到的与鲍勃·普罗克特说的刚好是相反的：直到我不再为钱焦虑，不仅知足当下，还舍得把钱无担忧、无顾忌地花出去，当我不再“需要”钱的时候，钱反而开始大量流向我；当我已全然独立、自给自足自己所需的一切——爱、自信、幸福、丰盛……我有足够的安全感所以不再“需要”谁的时候，那个以前自己害怕失去的人，反而赶都赶不走；当我具足智慧之眼，能从日常平凡无奇的生活点滴中随时领悟，就在我不再需要书给我任何启示、任何解答的时候，反而有很多出版社把书寄来邀我推荐。如果要我修改鲍勃·普罗克特说的话，应该是：**当你已经具足，不再需要去吸引什么的时候，这些资源会全都流向你！**

举几个实例：名模天生丽质不需要化妆品、保养品，而且就算她们想要，也不缺钱买的时候，反而一堆厂商送来成箱免费的商品拜托她们试用；当有人已经旅行了 50 个国家，并将他的经验在网上免费分享给百万人看，他已经不再需要“吸引”旅行时，反而有很多旅行社或是厂商，提供旅费拜托他出去玩；当有人自费甚至负债拍出感动自己、感动很多人的电影时，电影大卖让他获得巨大财富，他已经不再需要筹措电影资金时，反而有更多金主砸大钱要投资他的下一部电影。人们总爱锦上添花，但你自己得是一匹已经展现出才情的美丽华锦。如果你已经是盛开的花朵，花开了蜂蝶自然就来，不必刻意吸引。

还记得以前求学时代，同学之间彼此小心藏好自己做的上课笔记，因为害怕努力了几天几夜整理的笔记被别的同学看到，别人会考得比自己好。但我却看到：那些不担心别人考得比自己分高，还主动分享笔记的同学，成绩往往更好。这些能分享笔记的同学的行为表明他们已经精通了，已不需要这些笔记让自己维持优势了。

我这几年深深领悟到：**只有不害怕失去爱情，你才能对爱人说真话，拥有真实的爱情；只有不害怕失去友情，你才会对好友说真话，拥有真挚的友情。同理可证：只有不害怕失去金钱，你对钱有真实不虚的认知，你才能拥有不匮乏的丰盛生活。**举个广告公司同事的例子，她很重视人际关系，经常交际送礼，也很在意别人对她的感觉，所以她总是只说别人想听的好话，却不敢在别人面前说真心话。她花非常多时间在“经营”人际关系，连睡觉都不关手机，结果经常有朋友三更半夜打给她诉苦，讲三小时的电话，搞得她严重睡眠不足。她看我从不接手机，平时也不送礼，反而主动对我好、送我礼的人比她多很多，我的人际关系更好。我对她说：“因为我把焦点放在自己身上，让自己处在非常好的振动频率状态，这状态会让身边的人感到舒服，大家就会想围过来亲近，而我只需把我好的振动频率感染给其他人，把不好的情绪自己利用独处静心时化解掉。我身边的人不会找我诉苦，因为他们跟我一起，可以瞬间以高视野看透问题症结，不需要我倾听对方两三小时的抱怨与情绪垃圾，我也不需要一一为他们解决琐碎的问题，对方云开见日，我也保住所有的时间与好的生活质量，这样对双方都好，而不是泥菩萨过江，两人都一起被坏情绪拖糟下去。”

当你不再需要吸引人脉，不再需求人际关系，你专注于内在清明之光，千里之外的人都能看见，自然会吸引很多人驻足靠近。我看完传记电影《以爱为名：翁山苏姬》（*The Lady*）后深深领悟到：当一个人不在乎自己的生死时，所有人都在乎他的生死；当一个人不在乎自己的利益时，所有人都自愿把利益献给他、感谢他。

就像大海不需要再为它加入水，反而有很多水自动流向它，当你自给自足不再需要任何人给你任何东西，包括爱、金钱时，爱、金钱反而就会流向你，这就是丰足吸引丰足的法则（非吸引力法则），而不是你“想”要（ask）。因为当你 ask 时，表示你现在是匮乏的。你看到宇宙的秘密了吗？跟你以前认知的不仅不同，而且刚好相反：当你真的具足，不再需要吸引任何人事物的时候，你以前需要的反而倒过来需要你、流向你！

“吸引金钱”还不如“重新理解金钱的意义”！

《秘密》一书中提到：“所有在生活中吸引财富的人……他们心中的主要思想就是财富，心中没有其他的想法，不论他们有没有觉察到这一点，带给他们财富的，正是这些占据他们心中的思想。”你看到一些世界富豪，像是巴菲特或是比尔·盖茨，他们专注的是自己感兴趣的事，而非直接专注在金钱上，金钱对他们而言只是一堆数字，这些数字代表的是资源的流动。反而那些越专注财富的人，越在金钱游戏的浪潮里上上下下。正确来说，应该是：富裕的人专注在机会（不只是金钱），匮乏的人专注在障碍。

前面几章提过，你只需把自己的光芒发挥出来，自然就有许多资源主动靠过来跟你进行交换，这交换有时不一定得通过金钱。如果我们宏观地来看“金钱”的功能，它就只是扮演“交换资源”的角色而已，如果金钱不具有交换资源的功能，那么它们就只是一堆印了数字的纸与铜板而已。

你可以把“金钱”理解为连接河两岸的桥（巧的是，欧元纸钞上的图案就是各种风格的桥），**它只是渠道，是你想要东西的交换媒介。但如果你专注在金钱上，就像你专注在桥本身，却不知道自己要去哪里，**你就卡在桥上，甚至收集了很多桥，却哪都去不了。那是因为你把焦点放错了，于是金钱就无法在你身上展现流动的自由。就像“车子”是用来到达你想去的地方，它只是个媒介，但如果你收集车子放在车库里不开出去，那就是一堆美丽的铁而已。

《秘密》一书中大卫·希尔莫（David Schirmer）提到：“我弄来一张银行的结算单，涂掉余额，换成我想看到的数字，想着：我何不就观想一堆支票进到我的信箱？于是才一个月事情就开始转变，太神奇了，虽然现在还是会收到一些账单，但我收到的支票比账单多。”作者还说：“我有一本记事本，在每页的上方写着‘我已收到’，然后列出账单的所有总额，并在后头加个零。在每个总额旁边，我会写上‘感谢您’，并且去感觉接收到‘支票’的感激之情……当你‘假装’，成果很快就来。”在了解量子物理学所延伸的弦理论概念后，我们已经知道**“假装”不等同于对等的振动频率，骗得了自己的头脑，却骗不了自己的心。**

此外，因为上述这个例子，让大部分读者以为只要改账单或存本数字就行了，却忽略了金钱的本质：流动。如果你希望有资源流进你，你必须流出等值的能量，而大卫·希尔莫没说清楚，他的支票是以什么项目进到他的账户中，他提供了什么给对方，所以才有这些支票。你们可以去问一些富人，他们没改支票数字却一样富有，反过来再去问一些穷人，他们就算改了支票、账单、存本，却还是依然贫穷。世界上没有不劳而获、能量只进不出的流动方式，这就是为何许多乐透头彩得主在得到意外之财后，很快就败光，甚至比没中奖前还穷。那是因为他们不知道金钱的真正意义：流通，不懂得有进有出，或是交换对等价值的事物。

让我们再看一次鲍勃·普罗克特说的这段话：“你将吸引你所需要的一切。如果需要钱，你就会吸引到钱；如果需要人，你会吸引到人；如果你需要某本书，你就会吸引到那本书。”现在知道了，我们只能吸引到对等价值或是相应特质的人事物，而非刚好是你所指定的人事物。也就是说，你可以想象自己在广大有景的空间里感觉良好，但不是去观想自已“已经拥有”这栋私人海滩的房子，因为这是设限，没准有一天，你会因为你的才华而被遴选到某个度假小岛上当岛主，虽然你没有吸引到钱去买这栋沙滩别墅，但你以才华吸引到了等值甚至超值的享受。

设定的金额无论多大，都是阻挡你更大资源流进的限制

《秘密》一书中《金钱的秘密》这篇提到：“如果金钱是你的选择之一，那就说出你要多少吧，譬如‘我要在 30 天内得到 25000 美元的横财’，但必须是你自己也能相信的。”但我要说的是，如果许愿者真能做到百分百相信、没有任何一丝怀疑的话，那么如此坚定的他，早就不是现在的自己了！

我不赞成许愿时设定“金钱数字”，无论你设定的梦想金额有多大，都是更大资源流进你的限制，那是因为依照你过去的经验所设定的金额，都会局限在你过去所能想象的最大金额。这样的概念，我们可以举高尔夫球好手泰格·伍兹（Tiger Woods）的例子。

在一篇名为《梦想的价值》的文章中提到：他家很穷，

住在贫民区的破房子里，他有七个兄弟姐妹，还有一个表妹和一个堂兄寄住在他家里。他特别瘦弱，时常感冒发烧，他缺乏学习的天赋，学习成绩是八个孩子里最差的。有一天，他看到介绍有史以来最伟大的高尔夫球运动员尼克劳斯的电视节目，他的心一下子被打动了：我要像尼克劳斯一样，当一个伟大的职业高尔夫球运动员！

他要求父亲给他买高尔夫球和球杆。父亲说："孩子，我们家玩不起高尔夫球，那是富人玩的。"他不依，吵着要。母亲抱着他，朝父亲喊："我相信他，他一定会成为优秀的高尔夫球手！"说完，母亲转过头，柔声说："儿子，等你成为职业高尔夫球手后，就给妈妈买栋别墅，好吗？"他睁着那双大眼睛，朝母亲重重地点了点头。父亲给他做了一个球杆，然后在家门口的空地上挖了几个洞。他每天都用捡来的球玩一会儿。

入中学后，他遇到了后来改变了他一生的体育老师里奇·费尔曼。费尔曼发现了这个黑人少年的天赋，于是建议他到高尔夫球俱乐部去练球并帮他支付了三分之一的费用。仅仅三个月，他就成了奥兰市少年高尔夫球赛的冠军。

高中毕业后，他幸运地被斯坦福大学录取了。暑假期间，他的一个要好的朋友来他家玩，说他的哥哥所在的旅游公司有艘豪华游轮正在招服务生，薪水很高，每周有 500 美元，问他是否有意去应聘。他动心了：家里仍然贫穷，自己应该像个男人一样挣钱养家。过了几天，里奇·费尔曼来到他家，他已经帮他联系到了一家高尔夫球俱乐部，准备带他去报名。小伙子不好意思地告诉老师，他打算去工作了。里奇·费尔曼沉吟半晌，然后问他："我的孩子，你的梦想是什么？"

他愣了一下，似乎有些手足无措。过了好久，他红着脸嗫嚅道："当一个像尼克劳斯一样的高尔夫球运动员，挣很多钱，给母亲买一栋漂亮的别墅。"里奇·费尔曼听完，盯着他高声叫道："你现在就去工作，那么，你的梦想呢？不错，你马上就可以每周挣 500 美元了，很了不起！但是，你的梦想就只值每周 500 美元吗？每周 500 美元能买得起别墅吗？"

18 岁的他被老师的话震惊了，他呆呆地坐在屋子里，心里反复默念着这句话。突然，曾经的梦想闪电般穿过脑海，热血瞬间流遍全身：我的梦想是要成为像尼克劳斯一样伟大的高尔夫球运动员，我的梦想是要为母亲买一栋别墅！那个假期，他自觉地投入到了训练中。在当年的全美业余高尔夫球大赛上，他成为该项赛事最年轻的冠军。三个月后，他成了一名职业高尔夫球手。

他是迄今为止最伟大的高尔夫球运动员，他正创造着高尔夫球的神话：1999 年，他成为世界排名第一的高尔夫球手；2002 年，他成为自 1972 年尼克劳斯之后，连续获得美国大师赛和美国公开赛冠军的首位选手。从 1996 年出道至今，他总共获得了 39 个冠军。如今，他以一亿美元的年收入成为世界上年收入最高的体育明星。

他一共给他母亲买了六栋别墅，位于不同的地方。

《有钱人想的和你不一样》(*Secrets of the Millionaire Mind*)提到："财富的取得有两种：一种是依时间领取酬劳，另一种是依自己创造出来的价值领得酬劳。这两种根据的是'你对自己价值的估算'。"《梦想的价值》这篇文章就是最好的例证：泰格·伍兹如果当时接受了眼前每周 500 美元的游艇工作，而忘了自己热血但看似遥不可及的梦想，那就限制了更大的资源（不只是金钱）流向他。也就是说，钱不只是流动的资源，而且也是现状的放大镜。当我们不再许自己要有多少钱入账的愿望，只专注在自己眼前正在做的事，于是就有百分百聚焦力把事情做好，不会分心在赚钱、吸引金钱上，而错过因自己眼光狭隘、短视近利所看不到的长远机会，这机会甚至会带来远超过你当初想要的金钱——Facebook 创办人不就是如此吗？**不被半路杀出来的许多赚钱机会诱惑，只专注在他的梦想**，等到 Facebook 一上市就瞬间带来比当初那些诱惑多出不知几万倍的财富。这样的例子还包括艺术家大卫·崔（David Choe）决定接受股票期权作为报酬，为才刚起步的 Facebook 总部绘制壁画，他只专心把壁画画好，不会因为 Facebook 没给多少钱而拒绝。结果等 Facebook 上市之后，大卫·崔所持有的股票期权价值达到两亿美元。

《有钱人想的和你不一样》这本书还提到：**“金钱只会让你现有的自己更扩大。如果你很坏，那么钱就会给你机会变得更坏；如果你很善良，那么钱会给你机会变得更善良；如果你很混蛋，钱就会给你机会变得更混蛋；如果你很慷慨，更多钱只会让你变得更慷慨！”** 台湾知名歌手赖佩霞将以上这段话延伸为：“拥有更多钱并不会改变什么，钱会放大你目前所有的一切。如果你很傲慢，就会有更多钱让你更傲慢；如果你很有爱心，就有更多钱让你更有爱心！”这就是帮助我们认清金钱本质最醍醐灌顶的一段话。

吸引力法则是“创造”法则，如果财富不是你通过“创造”所得来的，流失后就很难再创造。只要你专心把自己喜欢做、擅长做的事做到最好，不浪费时间精力去“锁定金钱目标”，就像世界面包冠军吴宝春尽全力把面包做到最好，连店面都有人主动提供给他；或像只想把球打好的林书豪，他不被华尔街更高薪更稳定的金融工作所诱惑，于是带来超越华尔街工作无数倍的财富机会——这些就是只有你独有的才华财富，取之不尽用之不竭。**因为你无法预想将来的财富会有多少，所以就不要分心去设定它们的额度。**

这几年我从自己以及身边友人的实例中体悟到：当你在做自己喜欢的事时，等到你已经可以退休时却不想退休；当你在做自己不喜欢的工作时，你很想早点退休却没办法退休！一步之差，天地之别，所以请尽早调回到自己的生命源头吧！

你对金钱的反应，决定你与金钱的关系

《秘密》一书中《金钱的秘密》这篇提到:“你必须对金钱感觉美好，才能为自己吸引更多的钱!”我相信绝大部分的人对钱都感觉良好，问题不在对钱是否感觉良好，而在于对钱“限制性”的信念。我有一位朋友，他说对于有人开高价的修行课感到厌恶与不齿，这信念反而挡住了高报酬课程的金钱流向他。

金钱只是体验生活与交换资源的玩具钞，重点在“交换资源、自由地体验不一样的生活”，金钱绝对不要变成你努力与囤积的目标。所以我会这样修正:“所有在生活中富裕的人……他们已经处在富裕的状态，所以他们不需要去关注金钱、吸引金钱，他们只关注自己喜欢的事，他们正在完全地享受生活，仿佛有取之不尽用之不竭的钱；钱对他们而言是

无限的，完全不必关注它或吸引它，就像空气一样。”你只有看透这点，不设限地让金钱流动，才有能力玩钱而非被钱所玩。

你只需享受花钱的乐趣，当你不再专注于
赚钱而是花钱时，钱会自己来找你！

《秘密》一书中《金钱的秘密》这篇提到："人没有足够金钱的唯一原因，是他们的思想阻碍金钱朝他们而来。"其实这段话不完全正确，因为还有花钱的态度也会阻碍金钱是否能顺利地流向他们。

《你值得过更好的生活》(*Busting Loose from the Money Came*) 提到："三项让我们最熟悉也是受害最深的金钱信念：①财源供给有限。②当你花钱时，钱就从你这里移动到别人那里，然后你的钱变少了，你必须管理并让收入超过支出，这样做才能获利。③为了增加个人财源，你必须更努力或更聪明地工作。一旦你从这些金钱游戏彻底解脱，金钱方面就再也没有任何限制与束缚。"过去二十年来，我赚 10 元就存 9 元的习惯都没改变过（INPUT：OUTPUT=10：1)，直到最近两个月，因为想体验“无限年”的感觉，所以刷卡请客或是旅行都没看价钱，结果奇迹发生了。3 月 17 日对账时才发现，前两个月花出去的每一大笔开销，各在一周之内都有刚刚好十倍其价格的案子（演讲、版税、广告案等）进来。也就是：花 1 千就进来 1 万，花 1 万就进来 10 万，花 10 万就进来 100 万……这大大颠覆了我过去对于金钱的概念。原来我已不必专注在赚钱（焦虑的振动频率）这件事上，我只要尽情享受“无设限”花钱的快乐（愉快的振动频率），因为长达二十年我的 INPUT ∶ OUTPUT 比例已经定型为 10 ∶ 1，所以我每花一单位，自然就会来十单位的案源，精准无比，我称之为**“等比例花钱自动入账法”**。

但前提是：

①你要确信宇宙资源真的是无限的，很多人在这部分观念就被设限了。

②你正在做你喜欢且擅长的事。

③你没有因为“担忧不安定的未来”而在固定的公司朝九晚五地上班，如果你是因为担忧而去上班，你的时间全都被固定薪水绑住了，这就是对金钱流很大的设限。

关于第三个前提，我举个例子大家可能比较好理解。一只逃出笼的鸡，意外发现外面的稻田野地如此之大，于是跑回去跟其他的鸡说："快逃出来吧，你们不必在里面等人来喂你们，不必大家抢吃这么一点点粮食，外面满地遍野吃都吃不完！"但笼里的那些鸡不敢贸然逃出，因为它们没看过"满地遍野吃都吃不完"是什么景象，于是回答："这里有人固定喂食，保证不会饿，有病还有医生来，干吗还自己去找食物？万一找不到怎么办？万一没地方住怎么办？"逃鸡只好默默离开，自己享受出外觅食的自由与每餐不同的惊喜，只要它不被抓回去，或是因对未来感到不安而自行回笼，它的日子，比"连吃饭时间、睡觉时间、交配时间、死亡时间、死亡方式都由别人决定"的鸡同伴更有意思。

我上个月请一位朋友吃了400元的养生火锅大餐，她很得意地说，她用吸引力法则赚到了这一餐。而我因为无设限且开心地花掉400元，却在一周内进来一个4000元的邀稿。所以我现在请客从不看账单金额，反正有出就有进，这就是我对金钱流的信任。从这例子就可以看出，当你对金钱的概念不同时，钱或是资源的流动速度与广度就不一样。

我跟身边亲近的好友说，你们在实验这个"等比例花钱自动入账法”之前，一定要先核实自己过去长期潜意识设定的 INPUT：OUTPUT 比例是多少。很多人都是设定为赚多少就花多少，导致比例为 1：1，甚至还有人潜意识设定为入不敷出，这些都可以通过核对过去的账单就一目了然，核算一下你的收入与支出比是多少（通常上班族的收入变化不大，这就是设限的主因），然后想一下这比例是否可以调整，例如：你可以先开始练习“等比例”存钱，等到这 INPUT：OUTPUT 比例稳定后，就可以开始专注在金钱不设限地享受生活上，因为宇宙之流会自行调节水量，以维持你所设定的惯性比例。但因为只有你自己清楚你对于金钱的设定为何，你可以先练习一个月看看，后果自负。

很有趣的是，就在我写完以上这段文字后一周，我看到《有钱人想的和你不一样》中有提到类似的概念：“你的目标就是尽快达成‘财务自由’，当你有能力过你想要的生活时，就不必在金钱上依赖任何人，当你的被动收入超过开销，你就达到了财务自由。把每个月收入的百分之十放入‘玩乐账户’，做一些你平常不会做的事，例如挥霍。”但这段文字还是在有限的收入中拨出百分之十来花用，而我自己的方法是不设限收入，只专注在“花钱”上，如此收入就能等比例地进来。

所以你不必吸引金钱，你源源不绝的创造之流，让相应的人事物全都自动不费力地汇流进来，也就是说，并不是“需要钱”就可以吸引到钱，反而是你肯把钱或资源花出去，才是让钱或资源再进来的动能，这与捐血后身体才有空间造新血是一样的道理。

从现在开始，心未想，事已成

- 当你已经具足，不再需要去吸引什么的时候，这些资源会全都流向你！
- 只有不害怕失去爱情，你才能对爱人说真话，拥有真实的爱情；只有不害怕失去友情，你才会对好友说真话，拥有真挚的友情。同理可证：只有不害怕失去金钱，你对钱有真实不虚的认知，你才能拥有不匮乏的丰盛生活。
- 富裕的人专注在机会（不只是金钱），匮乏的人专注在障碍。
- 我们只能吸引到对等价值或是相应特质的人事物，而非刚好是你所指定的人事物。
- 我不赞成许愿时设定“金钱数字”，无论你设定的梦想金额有多大，都是更大资源流进你的限制。
- 并不是“需要钱”就可以吸引到钱，反而是你肯把钱或资源花出去，才是让钱或资源再进来的动能，这与捐血后身体才有空间造新血是一样的道理。

第七点

• • •

越努力只选择“正面”，
对等的“负面”就直接进家门，躲都躲不掉

当你刻意选择正面，你努力忽视的负面将找机会反扑你！

当你正忙着实践“正面思考”时，你知道等量的“负面思考”一样缠着你不放吗？因为这是一个二元对立的世界，当你关注在某一极端时，另一个极端的能量也同样在那等着你，不会因为你不去理它而不存在。

《名望、财富与野心》讲得很好：“正面思考并不是让你转化的技巧，它是一种选择模式，对于觉知毫无助益，它反对觉知，因为觉知永远不会做选择，它纯粹只是压抑你性格上负面的部分，把负面压进无意识里，让有意识的头脑与正面思考挂钩。但无意识比有意识的头脑力量更大，是九倍大的力量，它也许不会以旧模样出现，而是以全新面貌显现。”当我们越努力选择“正面思考”，负面的力量随时在侧等着反扑，一旦遇到让自己不舒服的人事物，就会心生反感、厌恶、嫌弃、躲离，于是负面的情绪就升起了……周而复始，这就是造成痛苦与挫败的原因。台湾歌手赖佩霞在演讲时也提过类似的概念：“灯光会照出你的阴影，当你站在越亮的灯光下，你的阴影就越黑。也就是说当你越成名，你的阴影就越明显，如果你压抑了，你就会更痛苦！”

《秘密》说：“当你刻意把焦点放在你想要的事物上，开始散发出美好的感觉时，吸引力法则就会予以回应。”当你选择了“想要的事物”，自然在同一个层次上，就会有“不想要的事物”如影随形般地离不开你的创造范围，因为正负乃一体两面。再加上你“开始散发出美好的感觉”时，相当于你开始发起了一个正在向上的情绪波，当它是波，它就一定有起有伏地开始运行，一旦能量波下行，你就开始沮丧不快乐，挡都挡不住。

我看到不少修行者，甚至是教导“如何运用吸引力法则正面思考”的心灵老师，身边都有一个很负面悲观、疾病缠身的伴侣或爱人，他们的“正面思考”丝毫改变不了伴侣，但爱情让他们离不开这些伴侣——这正是因为我们在二元性的地球，有光的地方一定有黑影，一个铜板的两面是无法割离的，一个越光明，另一个就越黑暗。当他们越努力只选择

“正面”，对等的“负面”就会直接进了他的家门躺在他枕边，躲都躲不掉。

越想躲避的议题，包括讨厌别人说哪些负面的话，这些话往往就是由最亲密的家人、朋友、爱人当你面直接说给你听，你无法把他们列为封锁的黑名单，或是绝交，更不可能断绝亲人关系。所以直接面对，把被勾起的情绪议题做最彻底的清理，直到有一天，没有任何人事物和话语会勾起你的愤怒、不快时，以前会惹你火大的话现在都能穿身而过不留痕迹时，你就过关了。就像如果你想要终止一场乒乓球赛，你不回应对方的球，球赛就停止了。

透过正反两极才能看到事物的全貌

《秘密》里《秘密的揭露》这篇提到："所有好的思想都是强而有力的，任何负面的思想都是脆弱无力的。"普兰特斯·马福德（Prentice Mulford）说："一个人若是一直想着人生的黑暗面，不断地活在过去的不幸和失望中，他就是在祈求未来有着相同的不幸和失望；如果你认为未来只有厄运，你就是在祈求它，当然就会得到厄运。"这些都不是事实。在《阴影的力量》（*The Shadow Effect*）中《阴阳反转是关键》这篇提到："一直到荣格才公开倡导要容纳黑暗的力量。许多人不解，为何黑暗是一种正向的力量而非破坏力？美国人文心理学界在20世纪60年代流传着一个英雄神话：英雄小孩在正面力量里成长，到了青少年期，他必须以叛逆之姿下坠到黑暗之谷，历经各种横逆，终于擒获内心的巨龙，让英雄骑龙返回地上，完成英雄的成长。"如果一个人永远活在正面光明里，是无法获得成长的，就像一个永远活在白天、永昼的人迟早会过劳死。

哈希丁（Hasidism）说："让光穿透黑暗，直到黑暗射出亮光，两者不再有分别为止。"如果我们一味"正面思考"，不愿直视人生负面，就像画中受光的物体没画上阴影，便会失去景深与立体感，也看不到真实的全貌。举个例子：一个烟瘾者以为只要不去看吸烟有害的新闻与图片，也不去体检，就可以一直活在健康的假象之中，他以为这就叫作正面思考，等到最后发现肺癌末期了，才抱怨怎么正面思考没有用。正面思考不是逃避负面的避风港，而是我们必须以积极无惧的态度，同时直视正负两极，选择中道，活在真实且平衡的中道里。

《你不必受苦受难，也能到天堂：新时代运动之父的懒人开悟法》（*The Lazy Man's Guide to Enlightenment*）中这段讲得非常好："拒绝承认汽车的存在，可能会害你被车撞，这是因为你没在看车子，因此看不到车子正朝你开过去。企图回避负面念头，这些念头迟早会显现在物质层次。无论你有没有把负面思想带到意识中，正由于你对它的抗拒，才使它显现在你的生活中。每当你意识到某些丑陋、邪恶或愚蠢的事物时，最好先扪心自问：我做了什么，才让它们在我的意识里变成真的？”

我们身边可以看到不少这样的例子：老夫老妻、兄弟姐妹、父母子女、好友同事，总是彼此唱反调，一个很乐观的人，却出身于非常悲观的家庭，而且他们改不了也躲不开。有的人会因为吸引力法则怎么也改变不了身边悲观的亲友而沮丧，那是因为他们没在高处看到全域。只有透过正反两面才能看到事物的全貌，他们就是为你体验另一极的人生。你若在北极体验永昼，自然就会有人在南极体验永夜，这就是你们在一起的原因。等到你悲观沮丧时，这些原来很悲观的亲友也会反过来安慰你、为你打气，这就是两极反转、物极必反的原理。这点我们在电影《蚂蚁的尖叫》里看得很清楚：一对情侣到印度旅行，两人手持一台摄像机坐在同一辆人力车上，摄像机到女子的手里，镜头里都是鲜花、纱丽，但摄像机一到了男子的手里，镜头里尽是垃圾、残疾孩童——同一条路上，两个人看到的是截然不同的世界。但印度的全貌其实是鲜花、纱丽、垃圾、残疾孩童的总和。这就是二元对立世界的特征，每个人只看到自己眼中的世界，看不到全貌。

我有个很负面悲观的好友，当我说："哇，你上班的地方真棒，可以看到海！"他的反应居然是："好个头啊！每天潮湿让我都得风湿性关节炎了！"或是当我看到一片雾茫茫不见天日的景象，感觉自己像是活在仙界云中，他却开始抱怨："这是什么鬼天气！视线不佳这样很难开车耶！"以前我都会说："拜托你能不能正面思考一点？把我的好心情都搞糟了！"结果就是导致两人吵架，心情更恶劣。后来我转换了视点，明白他是在为我体验另一极的心境，于是"我想把他拉到正面"的紧张张力就松开来了，放掉"想要把他从地狱救出来"的拯救者的心态，而且还会用很崇拜的态度，赞叹他负面视角所看出去的世界真是特别又有创意，就像是以看黑色喜剧的心情，欣赏着他与我不同的想法。当我完全没有想要改变他的意图，于是两个人的关系瞬间变得愉快，就像是跳探戈一样！

负面情绪不是吸引而来的，这个二元性的世界有光就有影，有喜就一定有悲，浪高之后就是浪低，不可能一直浪高。这就是能量自然起伏的自然律，就像山泉水得顺流落下，去体验高高低低的生命旋律。正如同《草木自己生长》中所形容的："如果太太和先生从来不生气，你可以确定他们之间没有爱。因为如果有时候他们生气，那生气会使每一样东西恢复新鲜。事实上，愤怒消失之后，他们将会再有一个新的蜜月。现在每一样东西都是新鲜的，暴风雨已经过了，它刷新了每一样东西，它们再度变成新的。那些愤怒消失，然后他们就再度坠入情网，一而再、再而三地坠入情网就是永恒的爱。”

当你努力保持浪高不肯随波逐流，你就是在抵抗能量的自由起伏，很快就会灭顶。如果不去刻意改变浪的起伏，你就可以自由自在驾驭正面与负面情绪，那你就是游刃有余的冲浪好手。就如《易经》所示：“阳极必阴，阴极必阳”，究竟是乐极生悲还是否极泰来，存乎一心！

负面情绪可以转化成为正面能量

《秘密》最大的问题就是逃避负面。在《秘密》一书中提到："如果对你的仇敌下诅咒，这个诅咒将会回过头来伤害你；如果用赞美和祝福对待他们，就会化解所有的负面性与不和谐……感觉不好时，你就是在阻挡美好事物的到来，因为你是处于一个负面的频率上，转变你的思想，想想美好的事物。"请思考一下，只因为你想美好的事物，你就真的感觉良好？还是只是暂时把不好的感觉搁一边、压到底下深埋进潜意识？这些负向的能量不会凭空消失，请问它们会流向哪里？何时会爆发？

当你每一次遇到负面情绪都如《秘密》那样去想美好的事物，你会失去非常多次借着"负面情绪"深探自己、调整自己、清理自己的机会，就像你若总是忽略小病症，硬是以"正面思考"避开迎来的提醒，总有一天会积成无法挽回的重大疾病。《名望、财富与野心》说得很好：“你头脑里的负面想法必须被释放，而不是以正面想法去压抑。没有什么需要被切除、摧毁、压抑、拒绝，存在赋予你的一切都是美的，你必须利用所有可能的资源，学习如何将愤怒变成慈悲、贪婪变成分享、恨变成爱、恐惧变成自由……你拥有的每一种能量，都可以变成相对的，因为每一种能量都包含了与它相对的那一极。”

也就是说，你必须勇敢“面对”“释放”“穿越”“转化”负面情绪而不是逃避它，否则负面能量会阴魂不散，因为有光的地方就一定有影子，就算你不转身去看影子，影子依然在。有负面情绪是非常正常的，只有认出勾住你负面情绪的心灵宿疾，并彻底感受负面情绪，你才能释放它、拔除它，这样的蜕变就会为你带来全新的质变，这个比你硬将其转成正面情绪更有力量。

不要抓着正面情绪不放手，
否则就无法顺着“流”荡到你要去的地方！

《秘密》一书中乔·维泰利博士说：“最重要的就是要感觉愉快，感觉很振奋，必须尽可能地感觉兴奋、快乐、调和。”这段话的问题在于，我们活在二元对立的世界，没有任何一个人可以永远处在狂喜与振奋中，因为两极摆荡，无论你待在哪一极，没多久就会自动摆回反向情绪，就像钟摆一样。所以一直处在“狂喜”“亢奋”的情绪中是不切实际的。

新加坡灵性老师Jiro的建议很好：“当你知道什么是你喜欢的情绪，留在那里多待一会儿，让振动频率维持一阵子（我们也可以说是让新的脑神经元长出来、稳定下来），然后不要紧抓着那感觉，自然放松，就像猴子在森林中借着树藤飞荡的过程，它得先放掉旧的树藤，自然地抓住新的树藤，一段一段地摆荡过去。如果人抓住旧的情绪状态不放（包括正面情绪），就像是抓着旧的树藤，当新的情绪状态来时另一手又抓住它，此时如果不马上放掉旧的，它就会卡在两树之间动弹不得。所以我们可以放松地，顺着情绪之流一路摆荡过去，中间可能会从喜悦到狂喜，到得意，到平静，到相对低点，到一点点小小失落都无妨。然后借着荡秋千似的反弹力再继续往上荡、往前荡，如此创造之流就能继续向前流动，而不是困在这个起始的亢奋点，哪里也到不了。”也就是说，当你知道你喜欢的感觉时，在享受一阵子那感觉后就放手，随顺而行。

正因为你看不远，
不知道许愿的真正且最后的后果，
所以放掉控制，一切回归自然本律！

一位印度心灵老师说过：“当你感到不幸，那只是因为事情没有符合你的欲求，而事情从来不会符合你的欲求，它们不可能如此，事情只会按照它们的本性走。当你了解生命的相反两极交互作用的规律，你就会停止要求、停止选择。”《蜕变占卜卡》书中举了一个非常经典也非常美的寓言：

一个农夫跟神说：“你给我一年的时间，全照我的意思去做，保证将来不再有贫穷。”

神答应了，农夫要求一整年没有打雷、没有强风、没有对作物的任何危险，当他想要太阳、下雨……一切都如他愿、如他所计算，但当作物收成时，麦穗里面没有结籽。农夫很惊讶，问神他哪里弄错了，神说："因为没有挑战、没有冲突、没有摩擦，避开了所有你认为不好的，所以那麦子变得无能。一定要有一点奋斗，暴风雨是需要的，打雷和闪电也是需要的，它们会在麦子里形成灵魂。"

这就与很多被保护过度的孩子，一出家门就生病，因为在纯净的家里完全没有机会锻炼他的免疫力是一样的道理。所以当我们还没有足够智慧看得那么远时，接受当下是最好的选择！

生病时把自己放在“已经疗愈”的快乐心情上，就会康复？

《秘密》一书中提到：“每个不愉快的思想，都是放进身体里的坏东西……想着‘我是健康无恙的’，是每个人都可在内心里做的事……如果你吸引到某种精神或肉体上的痛苦，那就在心中把它缩小到面包大小，抛开所有负面思考，专注在完美健康上……你现在就可以感觉健康！”但其实这样想太粗糙，忽略了通过疾病找到情绪因或是生命提醒的机会。这观点在《疾病的隐喻》里解释得非常清楚，每种疾病背后都有重要的原因，而且大部分直指心理，然后才是后天环境，或是先天基因的问题。《被遗忘的幸福密码》（*The Game of Life and How to Play It*）中有一个例子是：“风湿病就是因为不断的指责所造成的，因为批判、不和谐的念头会造成血液里不自然的沉淀累积在关节里。不当的肿瘤则是由嫉妒、憎恨、不宽恕及恐惧所引起，每种疾病都源自内心的不安。”当你找到疾病背后的情绪因，就必须对症下药，而不是用“正面思考”就掩盖过去。

也就是说，如果疾病真的发生了，除了看医生，以及效仿《秘密》所说，把自己放在已经疗愈的心情是不够的，我觉得还需要加一个步骤，就是去研究为什么会得这种病，去了解疾病要带给你的专属课题与启示，并从中找到可以调整的方向与意义，否则大家生一样的病，用一样的正面思考就能解决了不是吗？

《十四堂人生创意课3》中举了我母亲的例子。我母亲2006年10月因晕眩送医，被发现得了“不明原因之血小板低下紫斑症”，血小板值掉到六千以下紧急住院。医生说这病原因不明，也没有特效药，只能以数次全身换血、每天输血浆的方式，看是否能将血小板指数往上拉。我在极度沮丧之余开始思考，为什么平时这么注重养生的母亲，会得这种怪异的病？除了去分析她的饮食习惯，寻找一些可能的原因之外，我还思考这类“免疫系统疾病”的原因应该是：身体本来要抵御外侵的功能，转向自我攻击体内细胞。想到这，我才突然发现其中的关联性：我母亲对自己要求非常高，家人平时相处，也经常把最麻烦的协调工作交给她，如果出了问题，就算完全不是她的错，她都会责怪自己做得不够好，长期以来养成“自我苛责”的惯性思考——这样的心理状态，完全在身体上如实反应。

当母亲在医院里开始自责自己的病拖累家人时，我知道如果光是聆听她的诉苦是无法解决任何问题的，甚至只会加强她“病”的信念。当我给她看了《秘密》的影片与书，教她要“正面思考”无效后，我就改以“清醒如隔岸观火”的心态，仔细听她所说的每一个字，然后从中找到病的“心症结”，这症结包括：对爱的罪恶感，包括自己不值得、不应该……这些信念，都会造成身体上相对应部位的疾病或不舒服。

换言之，我母亲照《秘密》中的方法，想象自己“已经痊愈”还不够，还得要注意从现在开始，停止自我苛责、自我攻击。当时母亲在医院已经换血、输血无数次，治疗了一个月仍不见有重大起色。于是我跟母亲慎重地说了这件事，如果她希望病赶紧好，从现在起完全停止自我攻击，也千万不要有“这场病会拖累全家人”的自我苛责心理，应该告诉自己是来休息度假的，而且我还跟她保证（为了给她信心），如果她开始这么做，再两星期就可以健康出院。没想到，在治疗方法不变的情况下，血小板指数开始攀升，之后就算换血输血次数减少，身体的抵抗能力仍继续进步。果然，两个多星期之后，我母亲就顺利痊愈出院了，到目前为止都是完全健康的状态。

从现在开始，心未想，事已成

- 负面情绪不是吸引而来的，这个二元性的世界有光就有影，有喜就一定有悲，浪高之后就是浪低，不可能一直浪高，这就是能量自然起伏的自然律。
- 当你每一次遇到负面情绪都如《秘密》那样去想美好的事物，你会失去非常多次借着“负面情绪”深探自己、调整自己、清理自己的机会。
- 有负面情绪是非常正常的，只有认出勾住你负面情绪的心灵宿疾，并彻底经验负面情绪，你才能释放它、拔除它，这样的蜕变就会为你带来全新的质变，这个比你硬将其转成正面情绪更有力量。
- 如果疾病真的发生了，除了看医生，还需要加一个步骤，就是去研究为什么会得这种病，去了解疾病要带给你的专属课题与启示，并从中找到可以调整的方向与意义。

第八点

• • •

不判断、不选择、不惯性反应、正负全然接受；

在两极之上才是创造的源头！

不选择，全然接受，你才有能力跳到上一阶！

《奥秘之书》(*The Book of Secret*) 中提到一个很重要的概念:“不要注意在欢乐上，也不要注意在痛苦上，而要注意在这两者之间……一旦你能够在愤怒当中、在欲望当中保持不受打扰，你就能够跟欲望玩、跟愤怒玩、跟扰乱玩……一旦你觉知到这个两极性，你就首度变成你自己的主人，否则别人将会是你的主人。如果其他的某个人能够使你快乐和使你不快乐，你就只是个被别人掌握悲喜的奴隶。”

或许效法《秘密》所说，临时切换到“正面思考或感觉”，可以暂时逃避负向能量的创造与循环，你关注的会放大，不关注的会变小，但不会消失。你可以观察一阵子，当你切换到“正面思考或感觉”后，没多久这负向的感觉又会在别的人事物上，以别的形式再度显现在你面前，阴魂不散。当你感觉良好后，还是要回来处理原来的问题，比方你必须参加的考试、必须处理的家人生老病死（此乃自然宇宙律，用正面思考也改变不了）。你只能从相对平静的心态中，找到生命的真正意义与启示（例如，小病早发现早治疗、家人生病时是全家人团聚一起面对与说真心话的时刻）。真正治本的是：改变你对这事的态度，例如对于贫穷的态度、生病的态度、失去财富的态度……也就是说，发生什么并不重要，重要的是你怎么看你眼前的事。当你学到如何从过去认为的悲剧中找到正面意义，你才能在正与负之上领悟到更高的启示。

《名望、财富与野心》中说得很清楚："痛苦源自我们的选择，喜乐来自我们的不选择，当你赞成某些东西或是反对某些东西时，你已经把存在一分为二，你已经做出了选择，选择就是地狱，不选择才能从地狱里解脱出来！不管发生什么事，就让它发生，不要做出你的选择，无论迎面而来的是什么，欢迎它！有时候来的是白天，有时候来的是黑夜，有时候来的是幸福，有时候来的是不快乐，当你保持在'不选择'的觉知里，单纯地接受所有一切的发生，你的生命将会开始出现超越正负、比这两者更高的东西，这就是'实存'。"这就是超越"正面思考"的真正创造境界：无正无负，不执任一极，一切回归初始，全新创造。

你所面对的人事物并无正负，让你受苦的是你对这人事物的负面信念

《秘密》提到：“专注在负面的事物上，是无法帮助这个世界的，你只会增加它们的效应，也会把更多负面事物带进自己的生命里。”通过前面七点的深度探讨后，我们已经明白了：眼前的人事物本身是没有正负的，即便是地震、海啸、火山爆发、台风……这样的大型灾害，那是地球几亿万年的自然现象，是人们加诸这些自然现象“正”与“负”的标签，就像一场雨，对求雨若渴的农夫而言是天降甘霖，对已经洪水成灾的难民来说就是天地不仁。

当你如实且不判断地看待这些自然现象时，你会明白地震、海啸、火山爆发、台风……就是地球自身“地”“水”“火”“风”能量的自然流动，当你愿意撕掉“正”与“负”的标签，不带过去成见去看这些眼前的变化，你就能从悲剧

受害者的角色跳脱出来——这就是“你所面对的人事物并无正负，让你受苦的是你对这人事物的负面信念”的道理。

《现在的你就是最好的你》的作者寺田和子，引述印度修行老师巴关的说法：“因为人对所看到的事实会赋予某些想法或情感，所以要以单纯的眼光看现实，看清现实原貌，把自己的内在想法、观念跟外在的事实分开。”举一个跟爱情有关的例子，有女孩一失恋，旁边的朋友就会安慰她：“他失去了一个爱他的人，你失去的是不爱你的人，下一个男人会更好……”依我的观察是，如果她没有从这情伤彻底顿悟自己内在关于“爱的课题”，没有了悟“用不同的思维方式回应，就会有不同的结果”，那么她还会继续遇到这样的男人，重蹈覆辙。

这世界上没有谁先天是好人或是坏人，只有你看待他／她的方式与对待这个人的态度，决定了他／她要在你面前自然而然地成为好人还是坏人。建议大家要特别留意每一次引发情绪的时刻，因为每一次重大情绪袭来，就是最好的跳跃及当下立即觉醒的最佳时刻，觉醒机会就在每一天、每一分、每一秒，所以不要再老是对着情绪做一样的反应。我自己的方式是：当我对某人产生情绪，例如愤怒、不平、妒忌、厌恶、恨、不耐烦、对抗、抱怨、心碎……当情绪一来，我会暂停对这情绪所做的反应，退后三步看着情绪，盯着它，看透它，看穿这情绪的诡计之后大笑三声，彻悟之后这情绪就是你觉醒的关键跳板（是让你跳过心墙的跳板，而不是让你一再撞墙的门板）。等你转换完情绪后，再思考如何回应对方，因为同样一个人说同样的话，你用不同的思维和态度回应，就会有不同的结果——只要你从超然角度看，就能改变其本质与结果，如此才有机会把旧的悲剧模式转向。

当你了悟：**受苦是因为你对爱的不当信念，并非是某个人让你受苦，所以离不离开谁不是重点，重点是离开让你受苦的信念，这才是根本之道。**如果你还带着这些让你受苦的信念，即使是跟再好的人谈恋爱，也会从天造地设搞成地狱怨偶！

想知道自己在某项人生课题上是否过关，只需找人陈述你过去的重大创伤事件，然后录下来自己听一遍，如果陈述完的心得结论是："从此记取教训，以后要提防这样的人……"表示这课题还没过关，很快要重修。如果你的陈述与结论是，从心底感激这些创痛带给你无价的领悟、视野、新机会，那表示过关了！要记得：觉醒不在遥远的山上禅院或是教堂，就在你发生重大情绪的那一刻。下次遇到情绪海啸时千万不要再错过了，因为已经错过了无数次，现在可以觉醒了，从情绪的深渊中跳出来吧！

跳脱正负极之上的全空量子场，你才能创造全新的状态！

《名望、财富与野心》提到："你必须创造一种既非正也非负的意识，那将是一种纯粹的意识，在那纯粹的意识里，你过着最自然、最幸福的生活。"这就是老子《道德经》所言："道生一，一生二，二生三，三生万物。万物负阴而抱阳。冲气以为和。"

自宇宙大爆炸，万事万物的本源是空无生出一，然后有二极阴阳。如果真的要启动创造法则，不可能只在正或负某一极里才能启动，一定是在两极之上才有完整的创造动能。《莲师心要建言》中提到："一切对境皆不真实。"我们可以这样理解：所有的"相反词"都不是永恒为真。例如：正负、阴阳、自他、悲喜、爱恨、离合、坚贞与背叛、白天与黑夜、神圣与罪恶……都是虚幻可变的，只要还有相反词，就还有另一极，就表示能量还不稳定，并非纯粹的状态。所以没有必要“选边站”，因为在二元对立之上还有一个“合一”“永恒”“浩大”的层次，那才是终极所在。当你没有相反词的概念，也就没有两极选择，于是可以“纯粹”创造，这也正是“不生不灭、不垢不净、不增不减”的心经境界。

我在《人生变局创意学》中提到：依循量子物理学的脉络，以“弦理论”的概念来看，如果我们要创造一个全新的轨迹，应该要回到“全净空的量子场”，也就是科学推论出“零点”之所在，把自已放在一个“尚未有定义、一切尚未成形”的全空无、仿佛真空的状态，然后才可以“没有成见”“没有固定路径”地发想一切的可能，就像再来一场宇宙大爆炸般的创造力，如此才能刺激出新的大脑神经元，创意也才能瞬间跳到全新的层次上瞬间扩张、繁衍成无限可能。倘若我们没有回到“全净空的量子场”，依循旧的轨迹是无法创造新事物的。

“全净空量子场”的概念，已经在能量医疗上被广泛运用。心理学家伊贺列卡拉·修·蓝博士（Ihaleakala Hew Len，PhD）从1983年起，教授并临床应用的“荷欧波诺波诺疗法”（Ho’ oponopono），这是一个能在不见到病人的情况下，把整个医院里的精神病患全都治愈的疗法。伊贺利卡拉·修·蓝博士在《零极限》中提到："'零极限'就是回到零的状态，在这个状态中，什么都不存在，但什么都有可能。在零的状态里，没有思想，没有语言，没有行为，没有记忆，没有程序，没有信念，没有任何东西，只是空无……如何用一个全新、无污染的镜头来消融其他镜头，一旦成功了，你就会到达所谓'零极限'的地方。你们可以用两种方式过生活：记忆，或是灵感。记忆是旧有程序的重演，灵感则是神性给你的讯息。你若要的是灵感，而听到'神性'的讯息与接收灵感的唯一方法，是清除所有记忆，你唯一要做的就是清理，而这里所提到的'神性'就是'零'的状态。在这个状态中，我们没有极限，没有记忆，没有身份，只有神性。在生命的某些片刻，我们曾探访过零极限的状态，但大部分时间，我们都让垃圾，也就是称为记忆的东西一再重演。借由清除，你来到一个零极限的地方，一个看穿意念、走向本源的地方，也就是零的状态。"

让我们回来再看看《秘密》书中提到的"正面思考的吸引力法则"，如果只在正面感觉中去创造，因为能量是正负交替的，所以常有可能会发生：正面思考引来负面结果，正面思维的人身边是负面悲观的伴侣等与《秘密》中的论证相反的例子。这是因为在同一个层次上转换正负，是会随时再摆荡回来的，你只能跳脱到这个思维感觉正负极之上的全新层面。这层面你未曾到过，未曾体验过任何事物与情绪，所以是零、是空无，没有情绪、没有过去反应的轨迹，这就是一种全新归零的状态。回到空性空无之中，像是一颗刚受精的卵，细胞都还没分化，于是你可以开始决定你要诞生出全新的什么出来，这样才能真正跳出原有的思维感觉轨迹，才能完全突变。

我很喜欢《灵界大觉悟》(***The Tenth Insight*：*Hold the Vision***) 中提到的创造境界，对我来说，这才是超越正向吸引力法则，真正进入“创造”的“究竟涅槃”：“我发现自己拥有一项特异功能，只要在心中想象一个空白的空间，我好像就能离开地球，旅行到一个纯粹由观念构成的世界，在那儿，通过想象力，我可以随心所欲创造任何东西。我创造海洋、山脉和美丽风景，我甚至按照自己的意愿，创造人的形象。我创造过无奇不有、形形色色的东西，每一件看起来都跟地球上的东西同样真实。”也就是说，只有回到不负不正的空白场，这里没有“旧的振动频率轨迹”导致你重蹈覆辙地创造旧状态，只有全空才能创造全新的疆域。所以不必许愿，在正负之上、一元之初直接创造式地行动，一如Jiro所说：**“当你的振动频率一调整，旧的人事物会以最快速度崩解，以留出新的空间让‘与你频率相应’的人事物进来，共创你的新生活。”**——这就是颠覆《秘密》最重要的一个关键思维。

《被遗忘的幸福密码》(*The Game of Life and How to Play It*) 中提到：“当海面平静，船队就驶进来了。”无论是东方的《老子》以及《金刚经》里的“我皆令入无余涅槃而灭度之”，或是西方的荷欧波诺波诺，都知道“必须在两极之上才是创造的源头”，创造的真正本源是在“零”，不在“正极”。当我们的“脑硬盘”消失后，整个宇宙就是无边无界的创造场，连你都消融在其中，就像云端数据库有着大无限的运算空间，就不再需要有限的硬盘了。

从现在开始，心未想，事已成

- 你所面对的人事物并无正负，让你受苦的，是你对这人事物的负面信念。
- 在二元对立之上还有一个“合一”“永恒”“浩大”的层次，那才是终极所在。
- 觉醒不在遥远的山上禅院或是教堂，就在你发生重大情绪的那一刻。因为每一次重大情绪袭来，就是最好的跳跃及当下立即觉醒的最佳时刻。
- 你只能跳脱到这个思维感觉正负极之上的全新层面，这层面你未曾到过，未曾体验过任何事物与情绪，所以是零、是空无，没有情绪、没有过去反应的轨迹。
- 创造的真正本源是在“零”，不在“正极”。当我们的“脑硬盘”消失后，整个宇宙就是无边无界的创造场，连你都消融在其中，就像云端数据库有着大无限的运算空间，就不再需要有限的硬盘了。

第九点

• • •

“期待”就是把你带离当下，本身就是错误的创造法则

只有当下才是真的，当下才具有力量

《秘密》一书中《秘密的运用》这篇提到："做一次'要求'，'相信'你已经得到，然后在'接收'的部分，你只要去感受喜悦就好。"另外在《金钱的秘密》这篇提到："'当下'就'是'快乐的，并且'感觉'快乐，这是把金钱和其他你想要的事物带进你生命中最快的方式。"这两段话矛盾的地方在于：如果真能在"当下"感到满足与快乐，而不是"假装相信自己已经得到"，那当下的快乐就足以让你不再需要"要求"，因为当下什么都有，所以不需要向虚幻的未来做梦。这也是《名望、财富与野心》中所说的："任何一个有意识的人，他没有什么好要求的，因为他已经拥有一个人所能要求的一切事物。"

像这样的矛盾，在《秘密》全书中比比皆是，例如在《强效的方法》这篇提到："'期盼'是一股强大的吸引力，因为它能把事物拉向你……‘渴望’把你与你所渴望的事物联结起来，‘期盼’则把它拉进你的生命里。”但我们知道，“期盼”或是“渴望”会把我们带离“当下”，但事实上是只有“当下”才是真的，当下才具有力量，未来还没到，所以未来无法给你任何力量。

这就是《名望、财富与野心》中所明示的：“每个欲望都来自过去，而每个欲望都被投射到未来，过去是那个已经消失的，而未来则是那个尚未发生的，两者都非实存。‘现在’才是唯一的真实。当你想要某样东西时，‘期待’已经把你带离当下，让你一直错失眼前。昨天也曾经是未来，你也曾经做过关于它的白日梦，现在它就在这里，但是有任何事情发生吗？”

活在当下是没办法编故事的！当你“期盼”或是“渴望”，你就不在“当下”，“期望”让你把目光投向未来，一旦愿望不成真，期望一落空就会让你跌入失落沮丧，就算“假装”喜悦，也无法启动相应的创造弦能量，反而更糟。**这就是为什么当我们在做“要求”“祈祷”“向宇宙下订单”时，很难成真。**

当你在合一状态，
你就只剩下“决定”而不再需要“许愿”！

《名望、财富与野心》中提到：“这是一项很基本的法则，事情是自然发生的，而且事情是依照它们自己的方式发生的，你没办法操控它发生，所有重要的事件都无法由你所操控，它们超越你的掌控，你顶多只能允许它们发生，你顶多只能敞开大门，让事情发生，但你没有办法迫使它们发生。”这就是前面我们提到的自然律！

前阵子与一位一起去印度修行的朋友T在网络上“笔战”，与其说是笔战，还不如说是互相激荡出“心想事成”更深层的真理。

好友T问：“‘心想事成’所创造出的是幻象，还是与宇宙共同创造的实相？如何觉察哪些是幻影？哪些是宇宙的讯息？”

我回答："如果你在觉醒状态，就没有'心想事成'这件事。因为一直都在当下，真的没有过去的印痕轨迹，没有未来的投射，只有当下决定与实现，无需'想'（think），因为此刻就是 being，你在合一状态的此刻已经完成一切。"

这次激荡过后几天，T 在脸书上贴了一段话："请记得，当全世界压得你不得不屈膝时，你就处在祈祷的完美境况中（Remember，when the world pushes you to your knees，you are in a perfect position to pray.）。"

我回应："当你感到'全世界压得你不得不屈膝'时，就已经处于痛苦的状态（我相信在同一情况下，有的人不会觉得受苦）。心若要自苦，祈祷是没有意义的，上天也帮不了想自苦的人，得自己觉得苦久了、受够了，自己决心跳出来才有意义。"

T 回应："如果可以这样，那代表已经与万物合一，当然就不会有这样的问题，那段话是给正在受苦的人看的。"

我回应："对于正在受苦的人而言，祈祷是没有用的，因为祈祷是把'自己改变命运、重新创造新生命版本的权利'交给上天，况且'祈祷'让你永远离梦想一步之遥，这一步就是信任。我很喜欢新浪微博《精彩语录》上的一句话：如果你向上天寻求帮助，说明你相信老天的能力；而如果上天不帮你，则意味着它也相信你的能力。觉醒之人不会受苦，除非他自己选择清醒地受苦。”

T回应：“祈祷，就是让上天给你这个决心。绝大部分就是这个决心难下啊！”

我回应：“决心是自己给自己的，真的不是谁能给的！当你进入合一状态，就是非正非负之上的那空无状态，你就是全然的创造者，此时你就真的不需要祈求谁来帮你救你，因为在这层次上你完全明白：你所面对的一切，真的都是你的决定、你的创造。如果你不喜欢这个处境，你唯一能做的就是释放负面，平衡正负，调整归零，然后跃于两极之上，全新创造。”

也就是说，**当你在合一状态，你就只需要“决定成真”，而不再需要“许愿”了！这正是佛陀所传递给我们的最高智慧：“当你无欲时，你所有的愿望都会实现。”** 就像是我的印度老师沙莲华说的：“没有愿望，才是最大的愿望！”只有这境界的频率，才是霍金斯情绪表格“宁静喜悦”以上的频率层级！

霍金斯博士（Dr. David R. Hawkins）运用人体运动学

的基本原理，经过二十年长期的临床实验，其随机选择的测试对象横跨美国、加拿大、墨西哥、南美、北欧等地，包括各种不同种族、文化、行业、年龄的区别，累积了几千人次和几百万笔数据资料，经过精密的统计分析后，发现人类各种不同的意识层次都有其相对应的能量指数，兹摘录其主要项目如下：

1. 开悟正觉：700～1000	10. 骄傲轻蔑：175
2. 安详极乐：600	11. 愤怒仇恨：150
3. 宁静喜悦：540	12. 渴爱欲望：125
4. 爱与崇敬：500	13. 恐惧焦虑：100
5. 理性谅解：400	14. 忧伤懊悔：75
6. 宽容谅解：350	15. 冷漠绝望：50
7. 希望乐观：310	16. 罪恶谴责：30
8. 中性信赖：250	17. 羞愧耻辱：20
9. 勇气肯定：200	

许愿若设定时间，表示你在错的层次上许愿，难怪无效

人的祈祷之所以无效，就是因为在错的层次上许愿，只要是不在“一元”之上进行创造，都会产生相反性（自己不要的也跟着来）。

此外，很多人在祈祷或许愿时会设定一个“完成的时间”，例如：“我希望在情人节前遇到真命天子”“我希望在下个月时能找到新工作”……当你指定了某样人事物在某个时间出现或成真，这个时间设定就让无边可能的创造之流有了局限。

章成说：“不要进入那种‘必须’的急迫感，因为这已经被笼罩在线性时间的幻象中。”**在正负两极之上的层次是“纯粹的”“无时间”状态，一切都是新的，都还没形成轨迹，所以根本不必要求成真的时间，你就直接净空后全新创**

造，它会有自己成真的时间，绝非现在的你可以设定或是控制的。

《情商》的作者丹尼尔·戈尔曼（Daniel Goleman）在《无尽的疗愈》的序中提到：“我们每个人一生中都曾经因为某件很美的事，或因为做一件事太投入而完全忘我，忘却了时间也无视周遭的干扰。这些明亮的刹那是宝藏，它让日常的焦虑或惯常的念头止息，自然地引领我们进入另一种存在的状态。”在《成为量子》文中也提过一段话：“在你们时间谬误的观念里，你自己决定行事的时间、地点，那是违背一切量子概念的……”也就是说，全新的创造应该是“无时间”（timeless）的状态，因为“无时间”所以“没有急迫、没有压力、没有未来”，于是在做这件事时，会处在绝对的悠闲、宁静、自在、喜悦中——这也就是在《探索意识极境》中提到的：“西藏密宗金刚乘，以纯净的意识超越时间空间限制，藏着宇宙所有智慧与能量的创造力。”

电影《复制贝多芬》中，贝多芬在平时生活中脾气非常暴躁，让身边的人都非常怕他、讨厌他，但当他开始创作音乐时，他完全宁静专注地投入他的创作，忘了吃饭忘了睡觉，仿佛时间在他的创作世界中停止了。于是他所创作出来的音乐，让所有的人都如痴如醉，连讨厌他的人都会因为他的曲子流泪。这也是在“不动中动”的最高境界，直接把时速转为零，活在一个与时间无关的状态下，当你在做重要的事时，就不会被高分贝的“时间噪音”所干扰，就像哆啦 A 梦的“时空任意门”，让此时此地的时间暂止，去另外一个时空冒险，冒险完再回到原时空，却没有人发现你消失了。

关于“在正负两极之上的层次是‘纯粹的’‘无时间’状态，一切都是新的，都还没形成轨迹，所以根本不必要求成真的时间”这样的概念，听起来可能有点抽象难懂，但 MBA 智库百科中有个非常极端的实例，就是最清楚的明证：

斯托克代尔是美国的一个海军上将，在越南战争期间，是被俘的美军里级别最高的将领。但他没有得到越南的丝毫优待，被拷打了 20 多次，关押了长达 8 年。他说：“我不知道自己能不能活着出去，还能不能见到自己的妻子和小孩。”但是他在监狱中表现得很坚强。

越南人有一次为了表现他们优待俘虏，把他养了一段时间，准备给他拍照。结果斯托克代尔就自己用铁条把自己打得遍体鳞伤，并用刀片把自己的脸割破。越南人拿他没办法，只好放弃了。

因为是一个人关一间，彼此看不到，他为了鼓励监狱中的同胞，就发明了一种密码，通过敲墙用快慢节奏来表达英文字母。有一次一位战俘因思念家人掩面痛哭，他们全监狱的战俘都通过敲墙，用代码敲出了“我爱你”，那个战俘非常感动。

斯托克代尔被关押8年后放了出来。《从优秀到卓越》（Good to Great）的作者吉姆·柯林斯（Jim Collins）先生去采访他，问：“你为什么能熬过这艰难的8年？”斯托克代尔说：“因为我有一个信念，相信自己一定能出来，一定能够再见到我的妻子和孩子，这个信念一直支撑着我，使我生存了下来。”

吉姆·柯林斯又问：“那你的同伴中最快死去的又是哪些人呢？”他回答说：“是那些太乐观的人。”

吉姆·柯林斯说这话不是很矛盾吗？为什么那些乐观的人会死得很快呢？斯托克代尔说：“他们总想着圣诞节可以被放出去了吧，圣诞节没被放出去，就想复活节可以被放出去；复活节没被放出去，就想着感恩节，而后又是圣诞节……结果一个失望接着一个失望，他们逐渐丧失了信心，再加上生存环境的恶劣，于是，他们抑郁而终。”

斯托克代尔坚持下来的秘诀是：“对长远我有一个很强的信念，相信自己一定能够活着出去，一定能再见到我的妻子和小孩，但是我又正视现实的残酷，在困难面前变得更加强大。”——这就是持续50年世界500强企业采用的理论：斯托克代尔悖论。

斯托克代尔被释放后，成为美国海军史上第一位同时荣获航空勋章和国会荣誉奖章的三星将官。关于囚禁在战俘营8年期间，斯托克代尔夫妻俩各自的经历，也在他们合著的《爱与战争》(*In Love and War*) 中有动人的详述。

前面八点我们探索的“正面思考”所造成的问题，在斯托克代尔的真实故事中一一显现：①对未来乐观，让自己失去“勇敢面对当下真实现状”的力量。②乐观许愿、设定梦想时间，然后让失望一再打击自己的信心。

所以跃入正负两极之上“纯粹的”“无时间”的层次，发挥当下的力量，这才是创造自己命运的应许之地。

从现在开始，心未想，事已成

- 只有“当下”才是真的，当下才具有力量，未来还没到，所以未来无法给你任何力量。
- “期望”让你把目光投向未来，一旦愿望不成真，期望一落空就会让你跌入失落沮丧，就算“假装”喜悦，也无法启动相应的创造弦能量，反而更糟。
- 当你在合一状态，你就只需要“决定成真”，而不再需要“许愿”了！这正是佛陀所传递给我们的最高智慧：“当你无欲时，你所有的愿望都会实现。”
- 新的创造应该是“无时间”(timeless)的状态，因为“无时间”所以“没有急迫、没有压力、没有未来”，于是在做这件事时，会处在绝对的悠闲、宁静、自在、喜悦中。
- “不动中动”的最高境界，直接把时速转为零，活在一个与时间无关的状态下，当你在做重要的事时，就不会被高分贝的“时间噪音”所干扰。

第十点

• • •

生命蓝图高于创造法则

超乎于“吸引力法则”“创造法则”之上，更可贵的“生命蓝图法则”！

《秘密》一书中《关系的秘密》这篇里玛莉·戴蒙德（Marie Diamond）提到：“我们是自身宇宙的创造者，生命中我们想达成的每个愿望都能实现。”这段话在本书第八点中的“跳脱正负极之上的全空量子场，你才能创造全新的状态”的逻辑下是对的，但这时候就有人要问了：“我打从心底就热爱自由，也不打算要有小孩，可是怎么还是怀孕了？”这就牵涉到在你的人生蓝图里，你究竟打算此生来体验什么。很多时候心想事不成的原因在于：我们忽略了**在“合一创造法则”之上还有一个更高层次的运作：生命蓝图法则。**

这部分的领悟，是我在练习“创造法则”多年后，以及观察身边亲友、读者的例子发现的。即使是创造力很强的人，他虽然在大部分的领域中可以瞬间创造成真，但却偏偏在某些课题上怎样都使不上力。后来我发现，原来在创造法则之上还有一个更高的生命蓝图法则，就是：**此生你需要学习的课题，早已在你的生命蓝图中确立了，并存在于你的DNA之中。在你还没学会该课题之前，所有的创造法则都将在这张蓝图内运行，这张生命蓝图就是你逃不出的如来佛手掌心，你得真的学会该项生命功课后，才能换全新的蓝图。**

再回头看看刚才举的例子，我的一个射手座同事抱怨：“我打从心底就热爱自由，也不打算要有小孩，可是我女友怎么还是怀孕了？而且她坚持生下来……”除掉生理因素不谈，如果把这个“意外”视为不可逃避的课题，他一向自由惯了，女友一个接一个换，工作也是，居住地也是，他每次一遇到问题，比方跟爸妈吵架、跟女友吵架、跟老板吵架或是跟房东吵架，他唯一的解决方式就是“逃”。所以他始终学不会“负责任”这个课题，突来的宝宝就成了他一辈子逃也逃不掉的血缘关系，他得对宝宝负责。于是他就从这个意外而来的宝宝身上，开始学会怎么当爸爸，怎么对一个新生命付出全然的爱与责任，他的例子让我亲眼看到超乎于**“吸引力法则”“创造法则”之上更可贵的“生命蓝图法则”。**

《召唤天使》(*Healing with the Angels: How the Angels Can Assist You in Every Area of Your Life*) 一书中提到:“如果你此生有一些誓约，比方贫穷、孤单……当你确定不要这些不当契约，也可以通过‘疗愈’的方法解除，当完全卸载了这些阻碍你的生命誓约，你才有真正心想事成的能力。”此外，如果愿望有违灵魂成长，也不会成真。

还有一个比较极端的例子:《我的劫后余生记》(*Brain Damadj'd Take II*) 是一位热爱自由的广告片导演自拍的纪录片，他在一次重大车祸中差点变成植物人，但他靠着自己的意志力，终于打破许多医学上的不可能，现如今可以滑雪、读研究所、拍片……一切正常。他也会问自己：为什么我会遇到这么倒霉的事？我又没有悲观地“吸引”车祸到我生命中？

《从未知中解脱：10个回溯前世、了解今生挑战的真实故事》(*Courageous Souls: Do We Plan Our Life Challenges Before Birth?*) 把超越吸引力法则、创造法则之上的生命蓝图法则解释得非常清楚:“在我们到这个世界之前，我们拥有自由意志创造一部分属于出生前计划中的人生考验，这里的关键词是‘创造’，我们所经历的事都是自己创造出来的……我们需要那些经由它们所产生的智慧，在这种情况下我们的直觉并不会引导我们避开所需要学习的历程。当我知道了出生前计划之后，要按照自己出生前所订好的计划走下去，是需要非常大的勇气的。现在的我了解到，我们可以用全然不同的角度来看待人生中的种种挑战。”

这些生命中的挑战，特别是非常重大的挑战与考验，与你是正面或是负面无关，与你是否有能力创造新版人生无关，而是：你学会了该学的人生功课了吗？例如：能从生病中学会爱自己；从身体残障中学到凭脑可以天马行空般的自由无限（如无手无脚的力克）；从财富大起大落中辨认出何谓真实；从死亡与分离中学会爱与珍惜。每一种体验都弥足珍贵：得到与失去、成功与失败、健康与疾病、富裕与贫穷、自由与囚禁、奋斗与享乐……两极你都体验到，这才是人生的圆满。

《笔下求生》：
用什么方式让大多数人可以享有最多的爱、学到更多的智慧？这就是最大格局的人生蓝图！

新锐编剧扎克·海尔姆（Zach Helm）的《笔下求生》（*Stranger than Fiction*），是我看过的非常有意思的电影，很多人会把它当成一般的娱乐片看，那就错过了非常宝贵的关于视点与剧本切换的秘诀。

先简单叙述一下剧情：知名女小说家凯伦·艾佛，花了十年时间将要完成新作，但她却困在一个写作的瓶颈，即不知道书中的主角哈洛·克里，该以怎样的死法作为漂亮的结束。凯伦并不知道，哈洛·克里真的存在于这个真实世界，而且是跟着作家的旁白，同步生活着——当一板一眼的国税局查税员哈洛·克里，某天突然听到陌生女子念着小说般的旁白，同步说出他正在做的事、正在想的事、将发生的事

(预告了他的死亡）时，他很紧张，找了心理医生，却无法解除那个声音，于是他去找了文学教授，希望能协助他找出正在写这部小说的作家究竟是谁，以便在她决定他的死亡之前，来得及劝阻她手下留情。

文学教授先要哈洛·克里待在家里一整天不要出门，也不要做任何事，看剧情会不会自动找上门，用以确定他的命运是否真的操之在他人手上。果然，他在家动也没动，却莫名其妙有个乌龙挖土机，把他家的墙错挖了一个大洞，所以确定哈洛·克里的命运，是被操控在另一个力量更高的人手上。

于是，文学教授继续协助哈洛·克里找出那位作家，他推论那位作家是谁的方法很有趣：请哈洛·克里带一个空白记事本，记录一天的悲剧事件多，还是喜剧事件多，用以判定在幕后操纵他命运的，是一位悲剧作家还是喜剧作家。当他发现一整天下来，悲剧事件远远超过喜剧事件时，文学教授建议他，反正悲剧到后来都会死，而且他又不能自己控制死法、死期，所以干脆要他反叛到底，大胆地脱离平日中规中矩的生活轨道，尽情地去做自己想做的事、去追自己心仪的女子、去学梦想中一直想学的吉他。

意外地，在一次电视专访的节目中，哈洛·克里突然辨认出那位女作家的声音，文学教授说，这位作家惯常以悲剧性的死亡来结束小说，这让正在热恋的哈洛·克里非常紧张。于是他通过国税局的档案资料，找出这位女作家的联络电话与地址，以亲自现身的方式，向这位作家证明他真的存在。

当女作家看到笔下人物活生生出现在眼前，震惊之余，只好把手边的初稿（包括尚未打印定稿的后半段书稿），全数交给了哈洛·克里。当他看完了全本小说，却出乎意料地，欣然接受自己被安排的死亡方式。于是在预计要发生事故的当天，他照例亲吻了他的爱人，依他当日的行程准时出门，并没有刻意避开那天预定好的死亡事件：为了救一个快要撞上公交车的小男孩，自己迎面撞上了车子。

剧本原定是哈洛·克里将在这场事故中丧命，但女作家在打字的前一刻更改了结局，只让他受了重伤，住进医院里躺了几个月。文学教授问女作家，原定的结局比较震撼，为何要改？她说，一个这么有勇气面对自己命运的人，怎能不让他留下来？

我被这段情节的安排与对话震慑住，的确，对一个已经看到全剧本的人而言，其实是有能力让自己避开灾祸的，但他却选择对全剧本所有人最好的版本（他义勇救人的新闻，感动并影响了当时很多人），放弃只保护自己的狭隘想法，于是他的命运转变了，因为他值得活下来进入更广大的剧本，拥有更大帮助人的能量——当男主角愿意勇敢地接受“自己会意外死亡以成就大局”的命运，把这一天过得无愧于心、无愧于所爱的人，接受现状并展演出最好的版本，他才有机会翻转剧本，因为他已通过旧剧本的考验与学习，就像通过了初中的毕业考试，升级到高中是一样自然而然的。

男主角坦然接受舍身救人的剧本，最后却奇迹般地跳脱出原本既定的死亡命运，仅以受伤延续了他的生命。所以当我们被困于现状，我们不要再继续入戏地只演着自己的角色，烦恼着眼前的人事物，而是必须马上跳脱出来想象：如果我们是“自己与身边所有人”的全观编剧者，我们会写出怎样的剧本，里面会有哪些关键的情节，你可以用什么方式，让大多数人可以享有最多的爱、学到更多的智慧？这就是最大格局的人生蓝图。一旦你看到了，你自然就清楚整部戏该怎么展演到最好，于是你就可以很快地跳开这剧本（跳脱轮回），进到全新的生命状态。

“心悦诚服、不逃避地全然接纳现状”必须要有更高的视点、更广的关怀、更大的勇气，会义无反顾地，置个人死生于度外，就如同《创造力》中提到的：“没有‘我’的概念，也没有‘个人与整个存在是分离的’想法，在合一当中，个体与整体间没有冲突，个体只是流动融入整体，而整体也流动融入个体中。”

要脱离角色不容易，因为大部分人入戏太深。要觉醒，就必须先从自己的梦、自己的剧本中醒过来，活在片刻没有身份、对白、情绪的空性状态，也只有“跳出去”，从剧作家的角度重审自己的戏，从观众的位置端看自己演的戏，才能看到整部戏的精神，就不会只困在其中一个角色，看不到编剧与导演的全剧视野。

能以全像角度看全剧本者，才是真正懂得“臣服”真谛的人，因为他可以清楚地看到，一切的发生都是有理由的：冬天需要储存能量，所以一年四季之中，没有任何一个季节应该消失；黑夜是必须存在的，否则人们无法安眠；失败是必需的，否则人们不懂得适时停下来休息；刮风下雨是必需的，否则生物就无法展现奋斗的生命力……当我们了解，所有的发生都有其深刻的道理，所有的组合都是最完美的时候，当下就圆满了。我们不再执着于“正面思考”，生命已经全盘蜕变成享受、庆祝、分享、感谢四件事而已。

此外，我们可以仿效电影剧情，分出另一个“同步客观、旁观解说我们的生活”的自己，帮助我们随时觉察到自己的每个念头、每个动作、每次与人沟通的状态，并随时问自己：这个念头、这句话、这个动作、这个反应，正在帮自己创造什么？一天后、一周后、一年后会产生怎样的结果？——这也是让你很快看到模式，进而改变惯性的有趣实验法，比吸引力法则更务实。

不必找修行老师，不必找预言家，只需带个录音笔，把你今天所说的话全部录下来（特别是你跟别人抱怨的事），到晚上睡前以旁观者的角度全部听一遍，并看一遍自己今天写出的所有文字，就一清二楚自己身心灵的困境在哪，也可以通过这些声音文字知道自己的未来会变成怎样。

我很喜欢《香草天空》中一段对白：“每一分钟，都可以是改变一生的关键机会。”所以，你能在原剧本写定结局之前，更早一步领悟到什么？如果你是自己的剧作家，要在生命剧本中安排什么？想要通过这场人生戏学到什么？

想要观众（身边的人）领悟到什么？没有了无限期的明天，今天的你最想做什么？……这些是在看完电影《笔下求生》后，可以深度问自己的问题，这些也是真正能跳出吸引力法则的框架，跳到最高的生命蓝图层次去翻转命运的关键！

只要我们到达生命蓝图最终极源泉的状态，面对浩瀚无边的大我，无念也无为，一切俱足，这也是我提出吸引力法则三个层次的最高层次。吸引力法则三层次如下：

心想事成：每天专注于为某一目标去努力，企图最终要达成梦想，是欲望的层次。

↓

事成心想：先锁定梦想和想要的人生版本，然后借助外在系统提高维度，扩大自己的选择性，通过其中的一种可能性最终实现梦想。也就是说，各种版本已在眼前，你只需决定、聚焦、下载、行动！相较于“心想事成”的欲望层次，“事成心想”是“所到之处即是目的地”的更高阶层次。

↓

心诚事享：心若坦诚无碍，则事情会自动安排并完成它自己，我们只要随顺享受这股自然之流即可。在这个层次之上完全不需要做计划，也不需要设任何具体的数字目标或是和别人竞争比较，你只需完全沉浸其中享受过程，梦想最终会自己自然实现（信任的能量），而且通常比自己处心积虑的计划与刻意的努力更好（焦虑与不信任的能量）。其中“诚”是指坦诚、诚实、内与外之间没有隔阂，放手让事情完成它自己。相较于前两个层次，“心诚事享”是无欲无梦、一切早已圆满俱足、什么都不必做、草木自己会生长的大圆满境界。就如同我最近在看的一本好书《臣服实验》（*The Surrender Experiment*）提到的概念：“‘臣服’这个词往往让人联想到‘软弱’或是‘认输’‘投降’，然而，灵性上的臣服其实正好相反，它不是向某样事物屈服，而是有意地放弃一部分的自我。假如你放弃的那个部分对你的成功而言其实是个阻碍，学习臣服就成了一件非常有益的事。臣服意味着放下个人的惯性反应（就是放掉限制你的框架和木马程序），这样我们才能与生命现在的面貌互动，个人心智和情绪如同收音机里的静电干扰，静电有什么好的？它只会让音乐失真而已。反应性想法和情绪也是这样，它们会扭曲我们理解眼前之事的能力，并因此妨碍我们以最理想的方式面对所处情境的能力。”

在以十个观点的篇幅重新审视《秘密》这本书后，相信我们不会再被这本书的框架局限住非凡的创造力，我们将从“正面思考”的紧箍咒中解脱，开始自由创造我们无可限量的人生！

从现在开始，心未想，事已成

- 每一种体验都弥足珍贵：得到与失去、成功与失败、健康与疾病、富裕与贫穷、自由与囚禁、奋斗与享乐……两极你都体验到，这才是人生的圆满。
- “心悦诚服、不逃避地全然接纳现状”必须要有更高的视点、更广的关怀、更大的勇气，并义无反顾地置个人死生于度外。
- 试着分出另一个“同步客观、旁观解说我们的生活”的自己，帮助我们随时觉察到自己的每个念头、动作、与人沟通的状态，并随时自问：我正在帮自己创造什么？一天后、一周后、一年后会产生怎样的结果？
- 考量你可以用什么方式，让大多数人可以享有最多的爱、学到更多的智慧？这就是最大格局的人生蓝图。
- 此生你需要学习的课题，早已在你的生命蓝图中确立了，并存在于你的DNA之中。
- 如果你是自己的剧作家，要在生命剧本中安排什么？想要通过这场人生戏学到什么？想要观众（身边的人）

领悟到什么？没有了无限期的明天，今天的你最想做什么？

- 吸引力法则的三个层次：心想事成→事成心想→心诚事享。

附录一

向宇宙下订单的九个步骤

没有什么你不能成为的，没有什么你做不到的，你丢出去的心愿，就像是向宇宙下订单似的，很快就会收到回应。(以下引自 Bashar 讯息)

实践万有引力的创造法则，向宇宙下订单的九个步骤：

第一步：愿景（ vision ）

愿景，就是对你所想要的事物有一个蓝图、构想、愿望、梦想。你要聚焦在你要的事物的本质而不是外在。

怀着快乐感恩的心情写下你的愿望吧，因为感恩是来自梦想完成后的频率带，处在 being 状态，事成比心想还快。你要非常清楚地看到、感觉到那个画面的细节，在脑袋里建成 1：1 的模型，看到已完成的状态，仿佛是活在里面一样，如此才能从现在完成式的频率带，投射路径到现在这个点上面。

所有的可能性都在眼前了，你只需专注地选择一个版本，让它发生。你去选择一个可能性、见证你的选择完成，这本身就是生命最棒、最伟大的历程。

启动弦理论、创造法则的关键在于你脑袋里的画面。梦想就是要在脑袋里先想出来，才能在现实中被创造出来。如果脑袋里没有城堡，手上有再多的积木都没有用。

第二步：强烈的愿望/渴望（desire）

你必须要对你想要的事物有一种强烈的意愿与“渴望”，正是这种强烈的情绪才能使能量运行。

你必须要拥有一份任何人都阻挡不了你的热情，那才是点燃梦想的燃料，而且必须有情绪加进去，才能加速弦的振动频率。把能量和情绪灌注到愿景里，才会产生更大的动能。

情绪是一个能量波，当我们以新的方式所思所行，旧的模式就会被新的模式覆盖掉，脑中的旧神经元因为疏于联结而失去效能，新的神经元因持续加深联结，而开始创造新的行为反应——少则连续二十一天，如果能坚持到连续三个月不中断，那么新的神经元就可以稳固了。

你的脑神经联结一旦建立了跟梦想相应的反应模式，就会创造出那样的频率，这频率会像涟漪般扩散，与这频率相对应的人事物，会自动进到这频率波中，加大这频率波的显化力量与速度！

第三步：信念（belief）

你必须相信你值得拥有它。无论你多么渴望它，也无论你的愿景多么清晰化，如果你不相信它是可能的，那么它就不会显化。所以，去探究你到底相信什么。找出你这些信念来自哪里，找出你坚守这些信念的原因，或者你以前一直坚持着这些信念的原因。找出为什么它们曾对你有用，或者是什么使你相信了那些信念。然后为自己做出决定，通过想象来创造新的定义，那定义更加代表了你想要的和你真正希望的。

信任是贯穿始终的很重要的部分，你要信任眼前来到的东西跟你要的东西是有关系的，有些来到你面前的人事物看似不是你想要的，可是它跟你真正想要的可能根本就是一样的，你只要认出它的本质，去发现它就好了。

信念是你维持到底的关键，你要相信自己值得。老天生你，让你与别人的长相不同、生日不同、家庭不同、个性不同……就是要让你与众不同。你得找出自己的独特之处，一定有什么事只有你才能做，而别人做不来的，你必须要让这个地球因为有你而不同。你之所以还没有成为你想象中的样子，是因为你没有把现在的自己与未来的自己做连接，还没找到秘密通道（你独特的才华、天赋）。你梦想中的自己跟现在的自己是没有冲突的，一定有一条路是直达的。

放下焦虑，全然地信任宇宙。虽然你的薪资是有上限的，但你的潜能跟天赋是没有上限的，你的潜能和天赋本来就可以转化成金钱。只要你专心把自己喜欢做、擅长做的事情做到最好，不浪费时间精力去“锁定金钱目标”，通过你独有的才华就能创造出取之不尽、用之不竭的财富。想象你要的状态并将其跟你身上有的东西联系起来，看看这两者的关系，有时候不需要外在的资源你就能实现你的梦想。

第四步：接纳（acceptance）

你必须全然接纳你自己，全然接纳那些新的定义和信念，那些新的定义和信念会使显化成为可能。

如果你愿意全然信任自己的直觉，进而信任外在的世界，你就能开始接受远超过你头脑界限的神奇灵感，以及取之不尽、用之不竭的创造流。要接纳现实，就是你要活在那个状态里面，把这个事情视作是真的。接纳现状是很重要的，所有来到你面前的安排，可能比你自己原来的设定还要好。

前四个步骤，是显化的“基础配置”。然后是：一旦你产生了愿景，一旦你已经有强烈的愿望，一旦你有清晰的信念，一旦你已经完全接纳，接下来你需要的是“意向”。你必须有将它显化出来的“意向”。

第五步：意向（intention）

聚焦你的意向，聚焦你的决心。不是聚焦于努力，而是聚焦你的意向。你必须有明确的意向要将它显化出来，这也被称为对你的现实之显意识“令箭（commandment）”。

把能量全部投注在你想要的版本上，千万不要去想你不要的版本，然后把自己活在已经完成心愿的状态，而且要在全然的喜乐、爱、自由、幸福中去感受“已经满足”的能量，感觉整个世界、整个宇宙的资源，都在支持你这个心愿。只要你让当下的感觉美好，你就掌握了任何你想要的力量。

不要犹豫、不要怀疑，走在宇宙之前，在梦想还没有任何迹象之前，你就已经起身去做这件事情了。你意向的强烈力量就会启动宇宙能量的运转。

第六步：行动（action）

你必须在行动上就好像已身处在想象的状态中，你的行为就好像愿望已然实现，你必须以“愿望已经实现”的那种方式和态度去做那些事情。你必须将所有这些——愿景、渴望、信念、接纳、意向——导入你的行动之中。如此，你的行为和你的身体语言就会和以前不一样了，它们代表了你现在聚焦的这个现实，而不是代表你已经不再偏好的那个现实。因为身体语言能够表达出你真正相信什么，你真正相信你能够做到什么，你真正相信当下的你是怎样的。因此，行动很重要！

当你锁定了自己的目标，你每一分每一秒所有的目光，都专注在与你目标相关的事情上，自然会发现更多的机会。在愿望之前你就先行动了，being 比 doing 更重要，在行动中活出你的状态，把自己视为是已经完成的状态，你思考事情的方式就不一样了，这样你就会在那个振动频率里面。

现在，你已经形成一个强烈而清晰的愿景，产生了非常强烈的愿望，建立了清晰的定义与信念，你已经完全接纳了显化对于你是真实的，你已经在聚焦你的意向，并将它们反映在你的行动中。然后就是全然地、完全地、确确实实地、绝对地、放掉对结果的任何期望。“容许”是显化的最后一个步骤——

第七步：容许（allowance）

你必须放掉期望，任其自行运作——完全地、绝对地、无条件地！你正在运用创造宇宙万物的悖论力量：黑暗与光明，白昼与黑夜，都是对立的两极。这两极必须都要有，你才能够显化出任何事物。

对于你想要的那些，同时要有绝对强烈的意向和绝对的不期望，这两极并存就能通向完全的显化。你需要进入这种平衡状态，以使显化毫不费力地呈现。你必须完全放手，完全放任其自行运作，知晓“存在即完美”。一旦你接受了“存在即完美”，存在就会以另一种方式展开，它将更能与你的振动对齐，更能反映出你将自己置身于其中的那种振动频率。

当你强烈专注在某个人事物上，调好相应的振动频率后，就要彻底放下（let go），回到“不动点”之中，就与拉弓到了最紧绷点之后，就要放手射箭是一样的道理。这个不动点就是空无，它给“未来的一切发生”留下无限的空间。这个“不动点”的“动”，将创造无限，如果你不及时放手让其随顺流走，就会像一手抓着新的绳索却又不肯放掉旧绳索的猴子，卡在两树之间哪里都去不了。

舍得放手，是很大的智慧；要完全放手，让它自己运行。你一旦接受现状就是最好的安排，就不会有期望、框架挡在你跟梦想之间，这让你马上就进入了梦想已完成的频率带。

第八步：锁定梦想密码

以电影《盗梦空间》为例，男主角的陀螺是他梦想版本的图腾，所以我们也可以帮自己造梦的版本设定一组梦想密码，可以是图腾或者是数字，这是你个人专属的暗码，每当你在生活中看到它，你就会知道自己正处在梦想的频率带里。因为梦想不是未来的某个定点，而是现在就有沿途闪灯的征兆。如果你所设的梦想在今天现状里没有任何对应的征兆，表示这条路的灯都还没打开，要不就是你又走错路了，将来也不会发生。

我们可以帮自己的手机闹钟设定梦想密码的数字，每当闹钟响起，或是不经意间看到这组数字，就是在提醒我们要聚焦于我们想要的梦想版本，把自己的频率调整并维持在梦想的频率带上，每天持续这样对焦，梦想才会显化成真。

第九步：不要公开宣布你的个人目标

德雷克·西弗斯（Derek Sivers）在TED演讲中讲道："许多心理测试已经证明，告诉别人你的目标，反而使你的目标不能实现。在你有了目标时，你得按计划做一些工作来实现这个目标。一般情况下，除非你实际地做一些努力，你才会得到满足，但当你告诉别人你的目标，而大家也认同你的目标时，你的大脑就会有已经达成目标的感觉。但因为这种满足感，你反而不会那么积极地实际去做事情。"

1926 年，社会心理学的创始人库尔特·勒温称这个为“替代”。1933 年，伟拉马勒发现当你的目标被别人承认，在你脑子里就好比这已经实现了。1982 年，皮特哥尔维策尔关于此写了一本书，在 2009 年，他公布了一些新的实验证明。比如：163 个人进行 4 组不同测试，每个人写下他们各自的目标，然后一半实验者在房间里宣布他们的目标承诺，另一半人保密目标。接下来每个人有 45 分钟来工作，他们可以努力工作直至实现他们的目标，但他们在任何时候也可以停下来。那些不泄露目标的人平均工作了整整 45 分钟，在这之后的访问，他们感到为了实现目标还有很长的一段路要走。但是那些宣布目标的人平均工作大约 33 分钟后就放弃了，当被问及时，他们感到快要接近目标了。

所以我们需要抵挡住宣布目标的诱惑，延迟这种社交承认带来的满足感，因为脑子会把说了的当成做了的事实来替代。所以对于你尚未实现的目标，还是先保持缄默吧！

如何预言自己的未来？不动声色地实践出来就对了，我的行动决定我的未来！

附录二

好友罗意婷的读后感

刚刚在书房一口气看完这本新书的初稿，这真是让人一看就停不下来的好书啊！

你让我这个《秘密》的读者，终于能从心想事不成的挫折迷雾中，恍然明白地找到光源走出来。

我看完的感受是：先从地表层级，被带着深入探看源头，而后再由地表层级被拉到宇宙高度，视野提升，一目了然！

看这本书，很兴奋也很感动。兴奋的是，有许多似是而非的观点被厘清，当不再刻意去强调所谓的正向思考，而能从二元思维中跳脱时，反而让人内心开始有了祥和愉快的振动频率。

感动的是，身为读者的我，确实能从这本书中，明显感受到作者真挚无私的分享意图——原本浩广庞杂且令人难以理解的信息，居然能被转载成如此清晰易懂的文字表述，那字字句句背后所彰显的，可都是高度压缩后的精华啊！

已经可以预见这本书在问世后所带来的美好涟漪效应，非常期待这本书的上市！

好友罗意婷

附录三

好友王庆玲的读后感

一收到，就彻夜未睡兴奋地看完这本书，已经好久没有看到一本句句都是重点、章节都是真理的书了。

是的，我也是《秘密》一书的支持者，也是心想事成的实践分享者，但我必须诚实地说，在我们人生“心想事成”的过程里，确实有许多模糊的灰色地带，这些都来自我们多数人无法触及到的有求必应所示现的究竟真理。虽然，我们都曾经感受到：我所想的，好像变成真的了。但大多数最关键的时刻，人们还是感觉到，必须要求助比“自身”更大的力量者，并相信与求助于这些由祈祷所衍生的各种心灵仪式与信仰。

当我看这本书时，心中非常地赞叹与感动，是一个来自何等奉献的灵魂，在大量深度阅读所有博大精深的显化书籍宝典，同时用自身在生命中宏观地觉察，才能领悟到如此透彻又清楚的显化之道呢？世界上许多人知道“秘密”，却不一定能分享，也就更不一定真正懂得其中的奥秘之处，原因似乎是每一人用他所理解的秘密来理解着宇宙大秘密。

当看完十个观点后，我是喜极而泣的，因为这本书太重要了！已经有那么棒的指路人，为每一个灵魂更高的生命蓝图指引出正确的方向，我们不再需要绕道求证着自以为是的目标，而是如欣频书中所言：可以用什么方式，让大多数人可以享有最多的爱、学到更多的智慧？这就是最大格局的人生蓝图。

我知道我的人生又将可以更真实地与当下合而为一，而求取之心早已进入了转化，得到了更多大爱的视野了。我与先生、孩子都将因此书而得到最珍贵的生命礼物，我还将分享给我所遇见的每一个人！谢谢欣频总是为我们的生命带来最光亮的指引，一直都是。

好友王庆玲

图书在版编目（CIP）数据

心诚事享 /李欣频 著. —北京：东方出版社，2020. 2
ISBN 978-7-5207-1175-3

Ⅰ. ①心…　Ⅱ. ①李…　Ⅲ. ①成功心理—通俗读物　Ⅳ. ①B848. 4-49

中国版本图书馆 CIP 数据核字（2019）第 194833 号

心诚事享
（XINCHENG SHIXIANG）

作　　者：李欣频
责任编辑：江丹丹　叶　银
出　　版：东方出版社
发　　行：人民东方出版传媒有限公司
地　　址：北京市朝阳区西坝河北里 51 号
邮　　编：100028
印　　刷：北京汇瑞嘉合文化发展有限公司
版　　次：2020 年 2 月第 1 版
印　　次：2020 年 2 月第 1 次印刷
开　　本：880 毫米×1230 毫米　1/32
印　　张：6. 625
字　　数：100 千字
书　　号：ISBN 978-7-5207-1175-3
定　　价：45. 00 元
发行电话：（010）85924663　85924644　85924641